蘋果偷偷變老了

陳老師的科學雜貨鋪

作者◎陳偉民
繪圖◎類人猿

落花水面皆文章

世界瞬息萬變,每天都以不同的面貌呈現在我們的眼前。我們不懂的事太多,難免恐慌。不過,如果靜下心來,仔細觀察與思索,萬物呈現出的本性,如此巧妙,令人讚嘆。所以我遇到新的事物,喜歡觀察、思考,如果想不出來,就找資料,看看有沒有人討論過這個現象,有時因而產生一些新穎的想法,甚至改變我對世界的觀點。

身為理化老師,幾乎每天都會有人向我提出許多問題(包含親友及學生),這些問題林林總總,包含:報上所說的某件事是真的嗎?為什麼會有某某現象?我女兒要參加非洲醫療服務隊,聽說那裡蚊子很多,該帶哪一種防蚊液?⋯⋯我總是盡量提出客觀的看法,供他們參考。有些問題重複出現,乾脆就寫出來,日後有人問了同樣的問題,就請他查閱我已發表的作品。

在編寫這本書的期間,仍不斷有人以社會上發生的事問我,所以書中的內容自然納入了一些新發生的事件。不過我不喜歡隨著媒體的炒作起舞,也不認同名嘴的天花亂墜。每一件事都要有根據才說,所以本書中每一篇文章都

是參考多篇研究論文之後才寫出來的。筆調或許不如那些媒體或名嘴那麼重口味，但世界就是如此運轉的。請記住，說話大聲、聳動的人不一定是對的。

本書所討論的議題，都與日常生活有關，希望讀者們不要被化學結構嚇壞，這是讀化學的人養成的習性，一件事若沒有討論到原子與分子的層級，總覺得自己沒有真的弄懂。另外有些數字與計算，也只是常識的推論而已，如果先入為主的拒絕任何與數字有關的討論，那是自己關上理解大自然的大門。

最後要感謝本書的編輯黃淨閔小姐，她的工作態度值得嘉許。除了編輯之外，她對書中內容也做了一些求證，找出許多原稿的錯誤，使最後出版的內容免去許多謬誤。除此之外，她也提出了許多修正意見，使本書有了新風貌，使枯燥的原稿多了趣味，增加了可讀性。幼獅公司的總編輯劉淑華小姐，主編林泊瑜小姐也提供了很好的意見，在此一併感謝！

陳偉民　謹識

SCIENCE

目錄

01 太陽眼鏡不只為了耍帥

　　大家有沒有注意到，那些影視名人特別喜歡戴太陽眼鏡。他們純粹是為了耍酷嗎？還是因為經常面對閃個不停的鎂光燈，不得不戴上太陽眼鏡保護眼睛？

　　其實除了影視名人，一般人在外出時也應該戴上太陽眼鏡保護眼睛。由於臭氧層破裂，進入大氣層的紫外線增加，除了會使罹患皮膚癌的人數增多之外，紫外線對人的眼睛也會造成很大的傷害。醫學專家建議大家，只要在出太陽的日子裡外出，要盡量戴上太陽眼鏡，保護你的眼睛。

　　那麼，大家知道為什麼太陽眼鏡能夠保護你的眼睛嗎？

光是一種電磁波

首先，我們得談一談光的本質。科學家馬克士威在西元 1862 至 1864 年之間，因為研究電磁場，而提出一套方程式。他預測光是一種電磁波，也就是說，光是能傳播的電場波和磁場波，如圖 1-1。圖中呈現的是向右傳播的光，其中實線部分是電場（E），虛線部分是磁場（B），K 是光的行進方向。相鄰兩個波峰之間的距離稱為波長。電場與磁場同相，也就是說電場最強時，磁場也最強；電場最弱時，磁場也最弱。我們同時也注意到電場、磁場和光傳播的方向三者互相垂直。

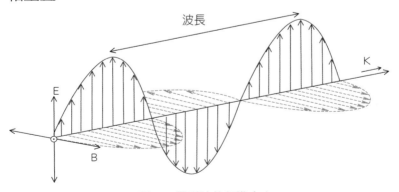

▲圖 1-1 電磁波的行進方向

請張開你的右手掌，把拇指當作電場方向，其餘四指當作磁場方向，掌心的方向就是光波前進的方向，如圖1-2。光波每秒的振動次數，稱為頻率。頻率與波長相乘就成了光速。由於各種光在真空中的傳播速度一定（為 3×10^8 公尺／秒），所以波長與頻率成反比，頻率愈高的光，波長愈短，能量愈強；頻率愈低的光，波長愈長，能量愈低。

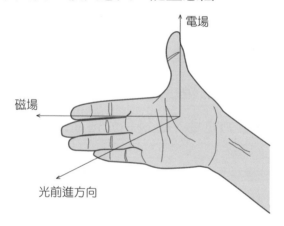

▲圖 1-2 把拇指當作電場方向，其餘四指當作磁場方向，掌心的方向就是光波前進的方向。

我們人的肉眼能見到的電磁波，就是可見光。可見光中，能量最高的是紫光，能量最低的是紅光。所以攝影師在暗房內沖洗底片時，要用紅光照明，因

為紅光能量低，不至於使底片引發意外的反應（曝光）。可是有些電磁波雖然無法被人的肉眼看到，卻仍然是光，其中波長比紅光略長的，就叫紅外線；波長比紫光略短的，就叫**紫外線**（簡稱 UV，又可區分為 UVA、UVB、UVC 三段），如圖 1-3。太陽光中，波長範圍很廣，各種顏色的光混合在一起，變成白光。如果某物體能吸收一部分可見光，就會呈現互補光的顏色，例如番茄中的茄紅素吸收波長 469 nm（nm 即奈米，1 奈米 = 10^{-9} 公尺）的藍光，反射的光就呈紅色。如果某物體完全不吸收可見光，就呈白色；如果某物

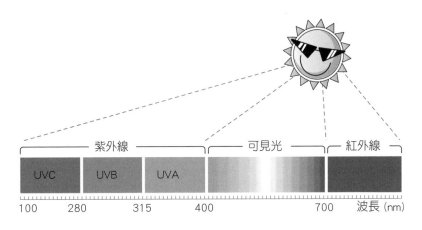

▲圖 1-3 太陽光線區分成紅外線、可見光和紫外線。紫外線和紅外線，我們的肉眼看不見。

體吸收所有的可見光，就呈黑色。對化學家而言，白色和黑色都不算顏色。紫外線和紅外線沒有顏色，我們的肉眼看不見，圖中所塗上的顏色是為了方便讀者容易分辨。紫外線的能量比可見光還高，它的能量高到會破壞化學鍵（連接兩個原子間的力量）。因此，過量照射紫外線容易引發皮膚及視神經的病變。不過紫外線也不全然只有害處，若一個人照射的 UVB 不足，有可能會發生維生素 D 不足的現象。

太陽眼鏡為什麼可以遮蔽紫外線？

了解光的本質後，接下來，我們將說明太陽眼鏡遮蔽紫外線的原理。

太陽眼鏡的種類繁多，該選購那一類型的太陽眼鏡呢？這裡將選出兩種太陽眼鏡，針對其遮蔽陽光的原理加以介紹。

有一種太陽眼鏡會隨著陽光而變色。當配戴的人走到室外，照到陽光時，鏡片顏色會變深；等到回到室內，鏡片又自動恢復透明，如圖 1-4。這種現象稱

為**光變色**（photochromism）。

室外　室內

▲圖 1-4 光變色眼鏡會隨著光線而變色，在室外照到陽光時，鏡
　　　片顏色會變深；等到回到室內，鏡片又自動恢復透明。

　　光變色的原理，來自於玻璃中添加了氯化銀（AgCl），由氯離子(Cl⁻)及銀離子(Ag⁺)構成。氯化銀本身是白色的固體，摻雜在玻璃中，所以玻璃仍是透明的。但是當照射到室外的紫外線時，氯離子會變成氯原子，銀離子會變成銀原子，一顆一顆分散的銀原子會呈現黑色，所以玻璃鏡片的顏色就變深了。

　　可是，銀不是銀白色的嗎？怎麼會是黑色的呢？其實單一的銀原子是呈黑色的，整塊銀才會呈銀白色。所以，這種光變色鏡片，在光線愈強時，生成的

銀原子愈多，顏色就愈深；等到進入室內，光線減弱，銀原子與氯原子又再度結合成氯化銀，所以鏡片的顏色立即恢復透明。也就是說，這種變化是可逆的。

另一種光變色鏡片是塑膠製的，其中變色的物質，不是鹵化銀，而是有機化合物，例如圖 1-5 中所顯示的是某一類被稱為萘吡喃（naphthopyran）的化合物。讀者們可不要被複雜的結構嚇壞了，其實圖中的每一根線段都代表化學鍵，每一個轉角都代表一個碳原子，O 代表氧原子，氫原子則被省略未畫出。圖中左邊的型式只吸收紫外線，所以沒有顏色。但紫外線的能量足以打斷其中某些化學鍵，就變成右邊的型

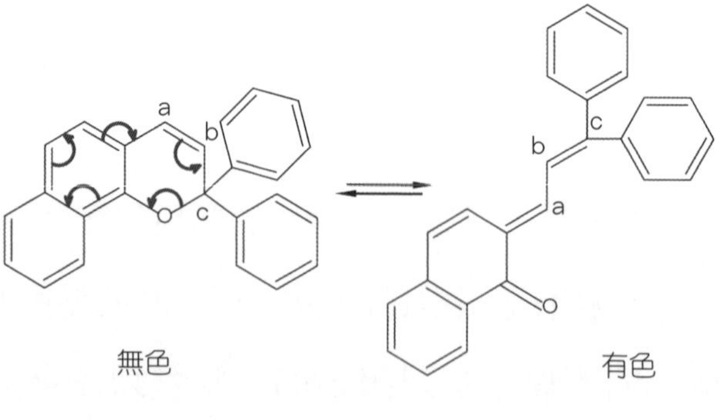

▲圖 1-5 萘吡喃化合物的化學結構

式，這種型式會吸收可見光，所以會產生顏色。為了讓讀者看清左右兩種型式之間的變化，其中有三個碳原子上標上了 abc，只要想像成是用鐵絲綁成的圖案，然後依粗箭頭指示的方向移動其中五段鐵絲，就會由圖左邊的結構變成右邊的結構，這就是紫外光的傑作。讀者們應該能看出兩種型式的總原子數目不變，但是有些原子移動了位置，像這樣原子種類數目相同，只是排列方式不同的數種化合物，稱為**同分異構物**。

以上介紹的變色鏡片，是因為吸收紫外線而變色。紫外線的能量比可見光強，因此若能減少射入眼睛的紫外線，就可以保護眼睛。

偏光鏡片

接著我們要介紹另一種偏光太陽眼鏡。這類鏡片在製造時，往往是在聚乙烯醇（PVA，一種塑膠，也就是膠水的主要成分）中摻雜碘。在製造過程中將塑膠片拉長，會使聚合物沿特定方向排列，而碘的**價電**

子（最外層的電子）就可以沿著聚合物長鏈的方向移動，但價電子不能跳到另一條長鏈上。就像你把數條包了塑膠外皮的銅線綁成一束時，各條銅線之間互相平行，它們的電子可以在各自的銅線上流動，但是無法跳到別條銅線上去。

自然界中的光是由各種方向振動的波混在一起的，當自然光的光波射入偏光片時，與長鏈方向相同的電場將被振動的價電子吸收，唯有與長鏈方向垂直的部分電場才能穿過偏光片。如圖 1-6，圖中只畫出電磁波中的電場，電場通過了，磁場才能通過；反之

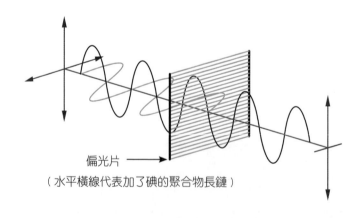

偏光片 ⟶
（水平橫線代表加了碘的聚合物長鏈）

▲圖 1-6 與長鏈平行的電場，無法通過偏光片；
與長鏈垂直的電場才能通過偏光片。

與長鏈平行的電場無法通過，磁場也無法通過。也就是說，當自然光經由偏光片過濾後，只有一部分光線能穿過偏光片，因而減少射入眼球的紫外光，達到保護眼睛的目的。而且偏光片只篩掉方向不對的光，不會篩掉任何波長的光，所以用偏光片製成的太陽眼鏡看物體，只有明亮程度減弱，顏色並不會改變。

當你到眼鏡行選購偏光片時，怎樣才能判定你買到的是真正的偏光片呢？通常眼鏡行會準備另一小片偏光片，讓你檢驗。你只要把兩張偏光片疊在一起，

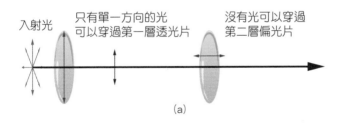

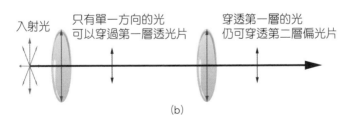

▲圖 1-7 檢驗偏光片的方法

對著光源，然後慢慢旋轉其中一片，會發現光線亮度會隨著旋轉角度而變化，當亮度最低時，表示兩個偏光片的方向互相垂直，透過第一層的光無法穿透第二層，如圖 1-7(a)；此時若再將繼續旋轉 90°，就會變最亮。因為兩個偏光片的方向變成互相平行，透過第一層的光可以穿透第二層，就會變最亮，如圖 1-7(b)。

 ## 3D 眼鏡

此外，有沒有到科學館看過立體電影呢？電影銀幕明明是平面的，但是戴上科學館提供的特殊眼鏡後，畫面看起來就變成立體的。在看立體電影時是否會刻意取下眼鏡呢？如果有，你會發現畫面非常模糊。為什麼呢？

立體電影是利用兩部放映機把影像投射到同一銀幕上，兩部放映機前各裝了方向不同的偏光片。兩個影像顯示的雖然是同一物體，但角度略有不同，就像我們在日常生活中，左右兩眼所見的影像也是角度略有不同。看立體電影時，如果不戴上特殊眼鏡，就會

看到兩個略有差異的影像重疊在一起而覺得模糊。而
科學館發給你的特殊眼鏡就是偏光片，而且兩眼的偏
光方向恰好配合兩部放映機的偏光方向，這樣兩眼所
見到影像分別來自不同的放映機，就產生了立體效
果，如圖 1-8。

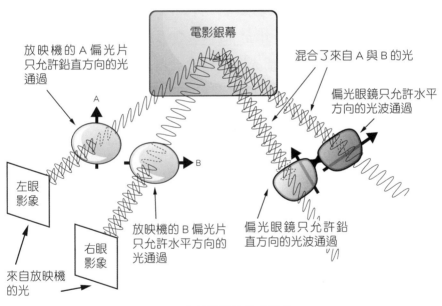

▲圖 1-8 立體電影的放映原理

科學LINE一下

尼祿的有色眼鏡

　　相傳羅馬皇帝尼祿（Nero）喜歡透過光滑的寶石觀看神鬼戰士格鬥，這樣看到的影像不但會發生扭曲，色彩也會有變化，算是最早配戴有色眼鏡的人。不過比起他的其他事蹟來說，用寶石觀看格鬥算是無傷大雅。尼祿統治羅馬的時間是西元 54 年至 68 年，雖然只有短短的 14 年，但他在許多傳說中都成為暴君的代表。例如西元 64 年羅馬發生大火，十四個行政區中，有三個全毀，七個嚴重受損。相傳大火焚燒時，尼祿還大聲歌唱，所以很多人懷疑他是為了建造新的宮殿（大火後，他真的蓋了新宮殿）而故意縱火，好騰出空地。但是這一點頗有爭議。由於尼祿也是第一位迫害基督徒的皇帝，所以許多不是他做的壞事也都推給他。說來說去，還是怪尼祿，因為他先戴著有色眼鏡看別人，難怪別人也戴著有色眼鏡看他。

　　真正的「有色眼鏡」（即太陽眼鏡），是在 1929 年首次發售，到 1930 年代開始流行。偏光太陽眼鏡要到 1936 年以後才登場。

　　美國科學家兼發明家藍得（Land）因擁有偏光片的專

利，而在 1936 年開始嘗試用偏光片製作太陽眼鏡及相機的濾光片，由於獲得成功，許多華爾街的投資客提供資金，讓他成立自己的公司——拍立得。雖然一開始只是為了製造太陽眼鏡，但是他很快就發現偏光片還有其他用途，例如觀看 3D 電影的眼鏡，以及作為液晶顯示器的零件。他的公司還製造拍立得相機，不必使用底片，拍好的照片可以在一分鐘之內顯現影像。有了數位相機之後，這家公司已經倒閉重組。不過仍有其他公司看好這種立即顯像的底片，仍然繼續製造推廣中。

02 蜻蜓點水看走眼？

　　早期的台灣土地還未經太多開發，水資源豐富又純淨，傍水而居的蜻蜓陪伴了許多老一輩的人成長。但隨著都市的開發及時代的變遷，水塘及溼地日減，蜻蜓的生存環境被剝奪，幾乎再也看不到漫天飛舞的蜻蜓。

錯把柏油路當成產卵地點

　　雖然「蜻蜓點水」比喻膚淺而不深入的接觸，其實某些蜻蜓必須藉著點水這個動作，才能把卵產在水中，所以母蜻蜓一生中只會在短暫的產卵期間到水邊點水。有些種類的蜻蜓則是在水邊的植物上產卵。蜻蜓的幼蟲生活在水底，以孑孓、蝌蚪或小魚為食物，所以蜻蜓一定要在水中或水邊產卵，幼蟲才能生存。

　　不過，蜻蜓可能會誤判產卵地點，例如把柏油路當成水面來產卵。這是怎麼回事呢？

大家都知道光是電磁波，也就是說，光是振盪的電場與磁場。在正常的自然光中，各種方向的電場和磁場都有，當光打到界面，有部分的光線會反射，部分會折射，部分被界面吸收。假設某物質（如水）的界面是一個不易導電的透明水平面，則水平方向的電場無法穿透此一物質，幾乎完全反射，其他方向的光，因為有一部分鉛直方向的電場，仍然可以部分折射進入物質。這樣一來，反射的光，因為水平方向的電場比其他方向強，屬於水平偏光；折射光中，反而是垂直方向的電場較強，所以是垂直偏光，如圖 2-1。

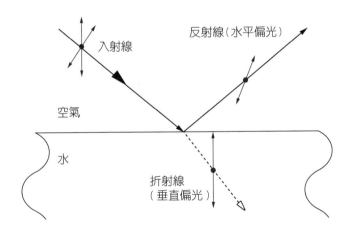

▲圖 2-1 光線在不同介質中所產生的折射和反射現象

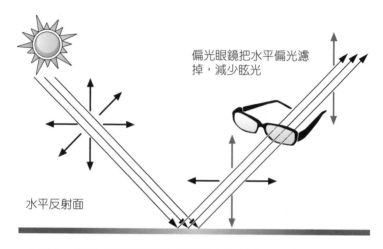

偏光眼鏡把水平偏光濾
掉，減少眩光

水平反射面

▲圖 2-2 偏光太陽眼鏡因為過濾掉水平偏光，只讓垂直偏光進
　　入眼睛，因而看得比較清楚。

　　我們可以到池塘邊做個小小的試驗。首先戴上偏光太陽眼鏡，馬上會發現池塘的畫面比較暗，但是看得比較清楚，這是因為鏡片只允許垂直光進入眼睛，如圖 2-2。然後，試著把頭向右側輪轉大約 90°，也就是你的偏光太陽眼鏡也轉了 90°，會發現池塘突然變亮（亦即反光刺眼），反而看不清楚，這是因為此時太陽眼鏡只允許水平光進入眼睛，就會產生眩光。

　　對人類來說，水平偏光會造成眩光，但許多生活在水邊的昆蟲，就是以水平偏光來辨識水的位置，這

叫趨偏光性（polarotaxis）。雌蜻蜓只要發現水平偏光，就認定是水，而放心的產卵了。

然而，瀝青不是透明界面，光線進入柏油內層後就全被吸收，沒有第二次反射的機會（即垂直偏光），只有水平偏光，所以瀝青表面反射的光偏極化程度比較高，比真正的水面還吸引昆蟲。正因為如此，很多昆蟲被光線騙倒，除了在水中產卵外，也把玻璃、屋頂、太陽能板及柏油路等人工製造的平面當成水面，而在錯誤的地方群聚、交尾、產卵，而且產卵前的各項舞蹈儀式一樣都不少。這就是為什麼我們會看到蜻蜓在柏油路面產卵的原因了。

 ## 「生物本能」求生變成求死

另有研究發現，蟻后在交配期趨光性明顯，在交配後則趨光性不明顯，甚至變成避光性。因為蟻后在交配期必須飛向天空與雄蟻交配，交配後則需回到洞中產卵。可見趨光性是生物趨吉避凶的本能。

不但昆蟲有趨光性，鳥類、魚類也有。許多鳥類

會撞上深夜亮著燈的大樓，海龜受照明誤導，而無法順利回到出生時的沙灘產卵。人類更利用這一點捕魚，只要到漁港觀察一下，就會發現許多漁船上都會裝上燈光，深夜出海捕魚時，簡直比白晝還明亮，魚群受到燈光的吸引，紛紛躍出水面，漁民只要把網子伸出去撈就行了。

螢火蟲發光的目的之一，是為了求偶。雄蟲在飛翔時發出閃光，停在枝葉上的雌蟲也會發出微弱的閃光，雙方憑靠閃光的節奏來辨識對方，找到節奏對的閃光信號，互相看對眼就可以進行交配。但因為人工照明光線太強，遮蓋了雌蟲的閃光，使雄蟲找不到匹配的另一半，那麼數量減少也就可以預見了。幸好近年來螢火蟲復育工作頗為成功，也希望民眾在賞螢的時候，不要開啟手電筒，否則會擾亂螢火蟲的求偶。

昆蟲的生命相當短暫，就只為了傳宗接代，結果卻因人類的各項發明，擾亂了牠們演化來的本能，連傳宗接代的任務都無法達成，真是白活了一輩子。

科學LINE一下

世界上效率最好的發光器

　　螢火蟲是甲蟲的一種，平常不飛的時候，我們會看到牠堅硬的翅膀（叫翅鞘）並排收在背後。當螢火蟲飛起來的時候，會把翅鞘伸出來，維持身體平衡，靠膜狀的後翅飛行。以上種種特點，使螢火蟲被歸納為鞘翅目的昆蟲。不過螢火蟲的種類很多，例如有人到紐西蘭旅行時，發現那裡的螢火蟲懸吊在有水的洞穴岩壁下方，那是雙翅目的螢火蟲幼蟲，正處於蛹的階段，長大後才會長出翅膀，成蟲的外形像蒼蠅，而不像甲蟲。

　　既然有不同種類的螢火蟲，就會有 A 種螢火蟲以 B 種螢火蟲為食物的情況。例如 A 種母螢火蟲會以 B 種螢火蟲的頻率吸引 B 種公螢火蟲，讓 B 種公螢火蟲誤以為有同種類母螢火蟲要與牠交配，等 B 種公螢火蟲靠近後，A 母螢火蟲就吃掉牠。色字頭上一把刀，對其他動物也適用。

　　螢火蟲可能是世界上效率最好的發光器。有沒有用手摸過傳統的燈泡呢？小心，非常燙。因為燈泡裡大約 90% 的能量都變成熱而浪費掉了，只有一小部分轉換成光，換句話說，燈泡的能量利用率不到 10%。但是，螢火蟲放光

絕對不能這麼沒有效率，否則會被自己燙死。如果抓過螢火蟲就知道，牠一點都不燙，可見牠利用能量的效率很高，接近 100%。相傳晉朝有個名叫車胤的人，因為沒錢買油點燈，所以就用白絹做成袋子，裡面裝上幾十隻螢火蟲，然後藉著螢火蟲發出的光看書，這就是成語「車胤囊螢」的典故。要是螢火蟲發光的效率和燈泡一樣差的話，那只白絹做的袋子就會燒起來了。

MEMO

03 炸藥索命，也能救命？

　　2013 年 4 月台灣高鐵行駛中的車廂，傳出被人放置炸彈，事後調查發現其中含有汽油與硝酸銨。這件事造成很大的恐慌，許多人紛紛詢問：「硝酸銨是什麼？」

　　硝酸銨的化學式是 NH_4NO_3，其中兩個 N 都代表氮，氮肥對植物葉子的生長有助益，所以硝酸銨最重要的用途是作為肥料。硝酸銨本身很安定，但是若與可燃物混合受熱，就會爆炸，所以被當成炸藥。有趣的是：硝酸銨同時是冷敷包的重要成分。既可冷卻，又可爆炸，面貌相當多變。

　　炸藥在爆炸時必然是激烈的氧化還原反應，同時要在極短的時間內產生大量的氣體。以硝酸銨為例，在受熱初期會分解為氨氣（NH_3）和硝酸（HNO_3），接著又經複雜的反應機制產生笑氣（N_2O）與水蒸氣

（H_2O）。完整的反應方程式可以寫成：

$$NH_4NO_{3(s)} \rightarrow N_2O_{(g)} + 2H_2O_{(g)}$$

硝酸銨裡兩個氮原子的氧化數（假想的電荷）分別是 -3 和 +5，反應後在笑氣中的氮原子平均氧化數是 +1。氧化數發生改變，表示這是氧化還原反應。此外 NH_4NO_3 右下角那個 (s) 表示它是固體，而 N_2O 與 H_2O 右下角的 (g) 表示它們是氣體，因為反應溫度高，水也變成了氣體。以上只是硝酸銨的分解反應。

其實硝酸銨很少單獨作為炸藥，通常會和可燃物混合在一起（如本案中的汽油），這麼一來，反應就更為複雜，產生的氣體也必然包含氮氣或二氧化碳等氣體產物。等量的固體或液體變成氣體時，體積往往暴增為千倍，所以炸藥爆炸後產生的大量氣體向外膨脹，會造成一股壓力波，這股壓力波正是殺傷力所在。

我要強調的是：炸藥的威力來自短時間產生的大量氣體，而不是來自熱量。

炸藥放出的熱量比糖還小？

當一個人動不動就發脾氣，我們會問她：「你吃了炸藥啦？」當一個人不斷甜言蜜語，我們會懷疑：「你嘴裡抹了糖啦？」吃炸藥和吃糖究竟有什麼不同？讓我們從化學的眼光來比較看看。

黃色炸藥可以單獨作為炸藥，它的學名叫「2,4,6-三硝基甲苯」（2,4,6-trinitro toluene），簡稱為 TNT。我們來看看 TNT 爆炸時的反應式：

$$2C_6H_2(NO_2)_3CH_{3(s)} \rightarrow 12CO_{(g)} + 5H_{2(g)} + 3N_{2(g)} + 2C_{(s)}$$

當黃色炸藥爆炸時，共放出燃燒熱 820.7 千卡／莫耳。這個數字若除以 TNT 的分子量 227.13，得到 TNT 的燃燒熱為 3.6 千卡／克。這個數字實在小得令人驚訝。上過生物課的人都知道，每一克醣類或蛋白質燃燒時會放出 4 大卡（即千卡）；每一克脂肪燃燒時會放出 9 大卡。每一個正在與肥胖奮戰的人都會牢記這些數字，現在根據我們的計算，發現每一克炸藥放出的熱量竟然比糖還少？

那炸藥和糖究竟哪一樣比較可怕？

由方程式中又可看出，1 莫耳的 TNT 在爆炸時會生成 10 莫耳氣體（含一氧化碳、氫氣、氮氣等），而且整個爆炸發生在數微秒之間（一微秒即百萬分之一秒）。反之，我們吃進口中的糖，要經消化器官慢慢消化才會轉換成熱量，雖然也可以放出二氧化碳及水，但這些氣體是經由呼吸從我們的口鼻慢慢呼出，不會有任何危害。沒被身體利用的醣會轉變成肝醣或脂肪的形式儲存起來。

綜合以上所述，可以看出關鍵不在熱量的大小，還要考慮時間。能量除以時間得到功率。雖然醣類燃燒放出的熱量比 TNT 還多，也產生很多氣體，但因反應時間長，所以功率比 TNT 爆炸時的功率小得多。

 ## 吃炸藥治心臟病？

當然讀者會想，哪有人會把 TNT 吃進嘴裡？但有一種比 TNT 更危險的炸藥，叫作「硝化甘油」，真的會有人把它吃進嘴裡，而且還當救命仙丹，你不相

信？這不怪你，連諾貝爾也不相信。

　　諾貝爾將危險的硝化甘油與矽藻土混合，製成安定的炸藥，賺進一大筆財富，因而創立諾貝爾獎。沒想到他晚年時，因心臟病而胸痛，醫生開了硝化甘油給他吃，他拒絕了，還寫了一封信給朋友說：「真諷刺，醫生竟然要我吃硝化甘油。」當時諾貝爾的醫師自己也不知道為什麼硝化甘油可以治療心臟病患者的胸痛，所以無法說服諾貝爾乖乖服藥。在將近一百年的時間裡，心臟病患者在這種不明不白的情況下吞下了硝化甘油，救了自己的命。這個謎團後來由穆拉德（Ferid Murad）解開，原來硝化甘油進入人體後，會釋出一氧化氮，使血管平滑肌鬆弛。穆拉德因提出這項理論而得到 1998 年諾貝爾醫學獎，算是回答了諾貝爾的困惑。

　　硝化甘油是極其危險的炸藥，連敲擊都會爆炸了，怎能吃進嘴裡而不爆炸？其實關鍵在濃度。純的硝化甘油，稍有震動就會爆炸；加入矽藻土稀釋後，要點火才會爆炸，變成安全的炸藥。要當作心臟病的

藥時，要將硝化甘油大量稀釋到不會爆炸的程度。

我們再來看看硝化甘油的燃燒熱 432.4 千卡／莫耳，再除以它的分子量 227 之後，得到每克的燃燒熱 1.9 千卡／克，不到葡萄糖的一半。再看它爆炸的反應方程式：

$$4C_3H_5(NO_3)_{3(l)} \longrightarrow 12CO_{2(g)} + 10H_2O_{(g)} + 6N_{2(g)} + O_{2(g)}$$

由右下角的 (l) 可看出硝化甘油是液態，每一莫耳硝化甘油爆炸時可放出 7.25 莫耳的氣體。顯示它爆炸的威力同樣在於功率與壓力波，而不在能量。

炸藥滅火？

細心一點的讀者還會發現，本文中三個爆炸的反應方程式都沒有使用氧氣來助燃。所謂爆炸就是迅速的燃燒，怎麼會沒有氧氣助燃就燒起來呢？

其實一個好的炸藥本身就會提供足夠的氧原子。使碳原子得到兩個氧原子，生成二氧化碳（CO_2）；使每個氫原子得到 0.5 個氧原子生成水蒸氣（H_2O），這個評估方式稱為氧均衡（oxygen balance）。像硝化甘

油分子中有 3 個碳原子，5 個氫原子，完全燃燒時需要 8.5（即 2×3+0.5×5 之和）個氧原子，不過硝化甘油分子本身就有 9 個氧原子，超過所需，氧均衡為正。同理，硝酸銨的氧均衡也為正，而 TNT 則略顯不足，氧均衡為負。如果一個炸藥的氧均衡接近零，則這個炸藥往往既敏感而且威力強大。

前述的三個反應式只是表示在自給自足的情形下，炸藥反應時的各種產物的比值，實際上當你在空氣中引燃炸藥時，它會迅速耗盡周遭的氧氣來為自己助燃。因此，我們利用炸藥這一特性恰可用來撲滅油田大火，因為氧氣耗盡，大火自然熄滅。1913 年邁倫・金利（M. Kinley）首先利用炸藥撲滅油田大火。1992 年波斯灣戰爭之後，在科威特境內近七百座油田大火全靠炸藥撲滅。

顯然，炸藥不只會爆炸而已，還能當肥料、冷敷包，當藥品救人性命，甚至能滅火，真是萬能好用的東西！

科學LINE一下

情人的黃襯衫穿不得？

如果你身上的黃襯衫和放在桌上點燃的黃色蠟燭都會爆炸……你作何感想？

黃色炸藥是在 1863 年，由德國人發明的。正式名稱叫「2,4,6- 三硝基甲苯」，後來簡稱為 TNT，名聲響亮，開始大受歡迎。一開始只是當成黃色的染料用。因為它不易引爆，威力也比不上其他炸藥，所以沒有人考慮使用它當炸藥。大約 40 年後，在 1902 年，德國軍方才開始將它用於製造炸藥。為了解決它不易引爆的缺點，還要加上疊氮化鉛（$Pb(N_3)_2$）做成雷管。

疊氮化鉛是灰白色固體，很敏感，只要摩擦或熱，都會使它引爆。利用疊氮化鉛爆炸後產生的壓力波，就可以使 TNT 爆炸。德國人想出這個聰明的辦法後，就利用 TNT 安定的特性，將它填入炮彈中，讓炮彈在打穿船艦後，再引爆 TNT，造成更大傷害。現在黃色炸藥已經是軍事及工程上使用最廣泛的炸藥之一了。

除了當作炸藥之外，TNT 的毒性也很高。在二次大戰期間，在炸藥工廠工作的女工很容易讓人一眼就看出來，

因為她們的皮膚長期受到 TNT 刺激，會轉變成黃色，因而有「金絲雀女孩」的暱稱。可憐的是，長期接觸 TNT 的後果，會讓她們發生貧血及肝功能失調等症狀，最後因病而死亡。

　　現在 TNT 純粹作為炸藥，沒有人會再把它當作染料了，上述黃襯衫及黃蠟燭爆炸的噩夢再也不會發生。既會爆炸，又有毒性，說起來，這真是史上最糟糕的一種染料了。

MEMO

04 臭氧──地球的防護罩

　　臭氧是由三個氧分子組成的分子，化學式為 O_3。它是氧分子（O_2）的**同素異形體**，也就是說，它們都是氧元素的一種形式，但性質卻不相同。在常溫常壓下，氧分子是無色無味的氣體，但臭氧是淡藍色有臭味的氣體。臭氧的性質比氧分子還不安定，經常扮演氧化劑的角色，這個性質使得人類對臭氧真是又愛又恨。

　　大氣層當中有一層臭氧層，位於平流層，大約在地表上空 10～15 公里之間。雖然這一層被稱為臭氧層，其實臭氧濃度大約只有 2～8ppm（ppm 是一種濃度表示法，1ppm 即百萬分之一）。不過你可別因為它的濃度小，就掉以輕心喔！地球上萬物能生長繁衍可全靠這一層的保護，如圖 4-1。

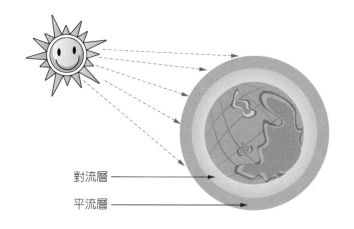

對流層

平流層

▲圖 4-1 臭氧層位於平流層，如果遭到破壞，紫外線就會長驅
　　　 直入地球。（PS. 本圖未照比例繪製，中氣層、增溫層
　　　 及外氣層亦省略未繪出。）

　　為什麼這一層會有比較多的臭氧呢？因為陽光中
的 UVC（能量最高的紫外線）使空氣中的氧分子（O_2）
發生了下列反應：

$$O_2 \xrightarrow{\text{UVC}} 2O$$

$$O + O_2 \rightarrow O_3$$

　　這些臭氧分子為我們遮蔽了大部分的紫外線，使
得地表的生物能夠存活。在大氣中尚未累積足夠的臭
氧之前，只有躲在水中的生物才能生存，所以生命發
源於海洋，這也是原因之一。

 **臭氧的天敵**

氧原子與氧分子碰撞，會產生臭氧分子，但是氧原子若與臭氧分子碰撞，則會產生氧分子。

$$O + O_3 \rightarrow 2O_2$$

這個反應會被一些特殊的物質催化，如氫氧基（·OH）、一氧化氮（NO）及氯原子（·Cl）等。這些物質會使這個反應加速，但是本身不會消耗，稱為**催化劑**。如果仔細觀察，就會發現這些物質都有個共同的特徵，它們的價電子（最外層電子）數都是奇數個。例如氧的價電子數 6，氫的價電子數 1（其實氫只有一個電子，所以它的價電子數或總電子數都是 1），·OH 價電子總數為 6+1=7，是奇數。NO 的價電子總數為 5+6=11；·Cl 的價電子數為 7。因為內層電子必為偶數個，所以價電子總數為奇數個，就代表總電子數為奇數個，電子無法成雙成對，我們在 OH 及 Cl 左邊各加上一個黑點，就是用來表示這個不成對的電子，這類物質稱為**自由基**。

剛才提到的三種自由基在破壞臭氧層之後，本身並未消耗，因此它們會無窮無盡地破壞臭氧分子，直到其中兩個自由基撞在一起，生成穩定的物質（奇數加奇數變成偶數）。平均每個自由基要在破壞數千個臭氧分子之後，才會停止，破壞力十分驚人。

過去有一種氟氯碳化物（簡稱CFCs）可當作冷媒、滅火器或作為髮膠的噴霧劑，本來科學家認為這種物質十分安定，但沒想到它在上升到平流層之後，會因照射到電磁波而分解出氯原子，對臭氧層造成很大的破壞，如圖 4-2。

自 1970 年代起，科學家發現到兩種**臭氧耗竭**的現象：第一、平流層的臭氧每十年大約減少4％；第二、極地上空平流層的臭氧在春季會大量減少，這種現象又稱為**臭氧洞**。

很多人會質疑，兩極地區明明沒有住人啊，為什麼臭氧洞偏偏發生在這種沒有人為汙染的地區？何況工業大國幾乎都在北半球，為什麼南極上空的破洞最大？這是因為在兩極地區的冬末春初氣溫最低，此

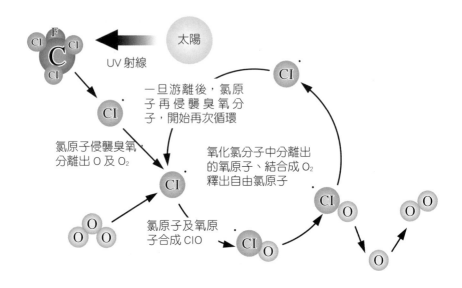

太陽

UV射線

一旦游離後，氯原子再侵襲臭氧分子，開始再次循環

氯原子侵襲臭氧，分離出 O 及 O_2

氧化氯分子中分離出的氧原子、結合成 O_2 釋出自由氯原子

氯原子及氧原子合成 ClO

▲圖 4-2 氯原子破壞臭氧層示意圖

時有利於**極地平流層雲**出現。在這種雲層中，許多本來安定的含氯物質會被轉變成活性較大的形式，如 ClO・（注意到了嗎？它的價電子總數目是 7+6=13，又是奇數）。這些粒子會催化臭氧耗竭反應，所以臭氧洞擴大。而南極的全年平均單日最低溫是 -90℃，比北極的 -80℃還低，所以南極上空的臭氧洞比北極大。

臭氧如何殺菌？

在高空的臭氧可以保護生物，但是在地面的臭氧，即使只有 0.1 ppm 的濃度，也會對人類的呼吸道造成傷害。不過任何事物都有正反兩面的效應，臭氧的氧化能力也對微生物造成傷害，所以也被拿來消毒殺菌。

通常在打雷後，由於放電的緣故，空氣中的部分氧分子會變成臭氧，有人認為雷雨過後的空氣比較清新，可能是因為雨水沖刷掉塵埃，而且臭氧又殺死空氣中的細菌。不過研究顯示，雷雨過後，空氣中臭氧濃度提高，所以因氣喘發作而住院的人數也會增加。

紫外線也會把空氣中的部分氧分子變成臭氧，平流層的臭氧就是這麼來的。辦公室內的影印機因利用紫外線複製影像，所以影印機附近的臭氧濃度總是偏高。這一點可以用一個簡單的實驗加以證實。

實驗DIY 臭氧濃度自我測試

　　首先取來兩張碘化鉀－澱粉試紙，如果沒有這種試紙，自己做就行了。只要取一段海帶和幾粒米飯放在乾淨的水中煮成粥，再把畫國畫用的宣紙浸在粥裡面幾分鐘，然後取出晾乾，剪成小紙片備用即可。海帶含有碘化鈉（與碘化鉀化學性質類似），米飯含有澱粉，這種試紙因無色的碘離子（I-）和白色的澱粉混合在一起而呈白色。把兩張試紙的其中一張封入塑膠袋中，另一張放在塑膠袋外。兩張試紙並排放在影印機旁，只要有人去操作影印機，不久之後，暴露在外的試紙就會變藍，而封在袋內的試紙仍維持白色。這是因為臭氧是氧化劑，會把碘離子的電子搶走，使碘離子變成碘分子（I_2）。而碘分子與澱粉結合，會產生藍色。由此可知，置放影印機的場所一定要維持良好的通風，否則對操作人員的健康有害。

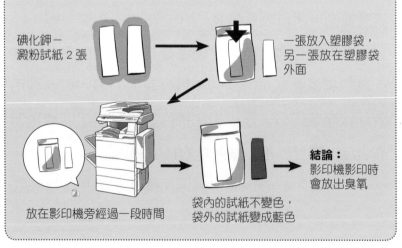

碘化鉀－澱粉試紙2張

一張放入塑膠袋，另一張放在塑膠袋外面

放在影印機旁經過一段時間

袋內的試紙不變色，袋外的試紙變成藍色

結論：
影印機影印時會放出臭氧

　　臭氧這種氧化能力若用來攻擊細菌，就有殺菌功能，有些廠商便製造出臭氧機及臭氧水龍頭來販賣。只要在機器內部進行放電或產生紫外線，就可以把氧氣變成臭氧。這些廠商還宣稱可淨化空氣、除臭、殺菌、消毒，預防腸病毒傳染，預防流感。在廠商的宣傳中，還說濃度控制在只殺菌不傷人的範圍。有些消費者更是走火入魔，家中用水都先經臭氧機處理，才敢用於洗淨飲用；蔬果食品一定要經臭氧水洗過，相信可以解毒；又說用這種水浸泡擦拭可以治香港腳、青春痘。

　　我有一位同事還信誓旦旦地說：「絞肉用臭氧水清洗之後，會浮出許多髒兮兮的碎屑，那就是肉中的毒素，不用臭氧去除的話，怎麼得了？」其實臭氧本來就會攻擊任何烯（含有碳碳雙鍵 C=C 的碳氫化合物），如圖 4-3 箭頭左側的物質即為烯，其中圖左的 R^1、R^2、R^3、R^4 代表氫、烷基或其他原子團。與臭氧發生反應後，烯變成醛、酮，如圖 4-3 箭頭右邊有 C＝O 原子團的分子，即為醛或酮。醛或酮有可能與其

他分子進一步反應，變成醇或有機酸。食物中有各式油脂，多少都含碳碳雙鍵，雙鍵愈多對心血管健康愈有幫助，所以賣油的人喜歡以含多元不飽和脂肪酸來廣告，所謂不飽和就是含碳碳雙鍵的意思。絞肉中有許多脂肪，經臭氧處理後，變成醛、酮，反而把本來能吃的油脂變成不能吃了。

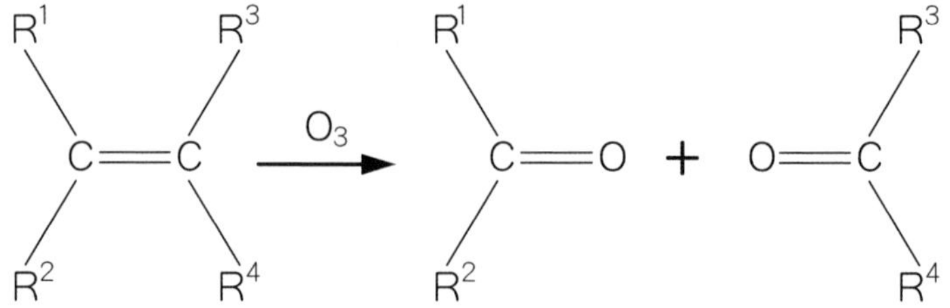

▲圖 4-3 圖左為烯的化學結構，與臭氧（O_3）發生應後，就變成醛或酮。

美國環保署（簡稱 EPA）在 2012 年宣稱：「在濃度不超過公共健康標準（EPA 的標準是低於 0.08 ppm，且暴露不超過 8 小時）的情況下，使用於室內空氣的臭氧，不能有效去除病毒、細菌、黴菌或任何生物汙染物。」換句話說，臭氧可殺菌，但濃度要高；

濃度一高，又對人體有害。那怎麼辦呢？只有特殊情況下才使用臭氧消毒殺菌，平常不要濫用吧！

　　奇妙的是，你的身體就是一部臭氧產生器。因為人體的白血球就會產生臭氧和其他活性氧的形式，如超氧（O_2^-）、過氧化氫（H_2O_2，市售雙氧水中含有約3%的過氧化氫）及次氯酸根（ClO^-）等來攻擊入侵的病菌。所以維持身體健康運作，不用外求。

科學LINE一下

看不見的光——紫外線

　　臭氧耗竭已成為事實，射到地表的紫外線比以前多，我們必須更了解紫外線，才能避免受到傷害。

　　紫外線的「外」字告訴我們，它是在可見光之外，屬於看不見的光。當初德國物理學家里特爾（Johann Wilhelm Ritter）在做實驗時，發現在紫光外側黑暗的部位上，銀鹽變色的速率比放在紫光裡還快。因此他認為那裡有一種看不見的光，可以引發化學反應。後來的人以這種光出現在紫光之外，所以稱為紫外線。

　　紫外線既然無法以肉眼看見，那麼就不能因為沒看到明亮的陽光，就以為沒有紫外線。只要是日出之後，日落之前，都要小心不要直接暴露在戶外太久。因為紫外線照多了，會增加罹患皮膚癌的機率。皮膚癌會產生皮膚病變、潰爛，或痣發生變化等癥狀。講到這裡，大家都會緊張，誰的身上沒有痣呢？怎麼知道這是不是皮膚癌呢？其實如果是從小就有的痣並不需要太擔心，但若是原有的痣，發生了變化，例如邊緣出現鋸齒狀，或痣有變大的情形，都應該找醫生檢查。

　　紫外線也不全然搞破壞。因為它不長眼睛，好壞細胞

都破壞，如果善加利用這點，就會有殺菌的效果。例如外科手術的器材可以用紫外燈殺菌，學校的飲水機也不過是一罐活性碳加一盞紫外燈，活性碳吸走髒東西，紫外燈殺菌，水就可以喝了。

　　另外，蜜蜂是靠紫外線才能幫忙傳播花粉的喔！當花瓣反射陽光中的紫外線時，蜜蜂就根據被反射的紫外線方向找到花粉。如果沒有紫外線，地球的生態可是會崩潰的。

05 冰敷與熱敷

　　在〈炸藥索命，也能救命？〉（詳見 p.30）一文中，我們介紹過，硝酸銨除了作為炸藥外，同時也是肥料，本文還要介紹它的另一項用途：冰敷包。

　　通常我們在受傷之初，為了減輕疼痛及避免腫脹，或是發燒要降溫，會使用冰敷包。最簡單的冰敷方法就是取一個塑膠袋，裡面裝進冰塊。不過如果在荒郊野外受傷，要到哪裡找冰塊？

　　西藥房有賣一種冰敷包，平時放在急救箱裡備用，不必放冰箱冷卻。發生緊急事故時，只要將冰敷包用力扭轉，裡面的隔膜破裂，兩種藥品混合在一起，發生**吸熱反應**，就可以冰敷。

 **冰敷包原理**

　　所謂「吸熱反應」，是指能量較低的反應物，向外界吸收能量後，變成能量較高的生成物。附近環境

中的能量被吸走，溫度就會急速下降。

市面上最常見的冰敷包就是由硝酸銨和水製成的。其配方是把 214 克的硝酸銨放在外層，220 毫升的水放在內層，使用時用力扭轉或按壓包裝，讓隔膜破裂，硝酸銨與水混在一起，大約可以把溫度降到 -7℃ 左右，如圖 5-1。

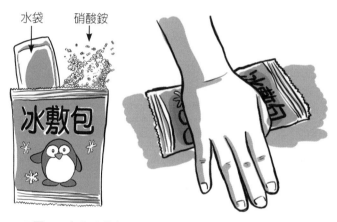

水袋　　硝酸銨

冰敷包

▲ 圖 5-1 市售冰敷包中有硝酸銨和水，當兩者混在一起時，馬上可以降溫，是相當方便的家庭常備用品。

其中的原理是，當 1 莫耳硝酸銨溶於水時，會吸收 25.7 kJ 的熱。

$$NH_4NO_{3(s)} \rightarrow NH_4^+{}_{(aq)} + NO_3^-{}_{(aq)} \quad \Delta H = 25.7 \text{ kJ}$$

其中的 ΔH 就是反應熱，由產物的能量減反應物

的能量所得到的數值。若 $\Delta H > 0$，是吸熱反應；若 $\Delta H < 0$，是放熱反應。放熱反應與吸熱反應的能量變化如圖 5-2 所示。

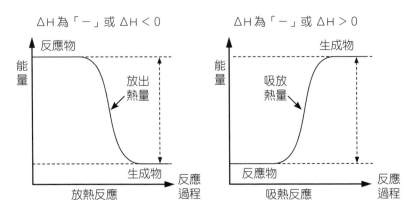

▲圖 5-2 放熱反應與吸熱反應

 **化學大力士**

利用吸熱反應還可以玩一種化學趣味實驗，名叫「化學大力士」。先取一個 250 毫升的錐形瓶，在瓶底抹一點水，然後把錐形瓶放在乾淨的薄木板上。事先分別稱好 32 克的八水合氫氧化鋇（$Ba(OH)_2 \cdot 8H_2O$）與 11 克的氯化銨（NH_4Cl），同時倒入錐形瓶中，

並迅速以玻璃棒攪拌，大約 30 秒後，溫度約可降低
至 -15℃。此時瓶底的水應該已經結冰，並黏住木板。
只要抓住瓶口，就可以把木板提起來，如圖 5-3。甚
至各組之間還可以舉辦競賽，看看哪一組可以在木板
上加上最多砝碼後，仍然能把木板和砝碼一起提起來。

氫氧化鋇與氯化銨的反應式如下：

$$Ba(OH)_2 \cdot 8H_2O_{(s)} + 2NH_4Cl_{(s)} \rightarrow$$

$$BaCl_{2(s)} + 2NH_{3(g)} + 10H_2O_{(l)}$$

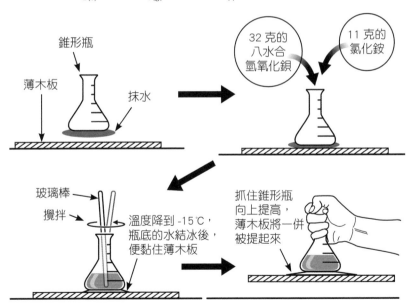

▲圖 5-3 「化學大力士」實驗示意圖

實驗過程會聞到淡淡的臭味，那是反應產生的氨氣。這個反應本質上是酸鹼反應，應該要放熱才對，結果卻能吸收那麼多熱，這是因為氨氣逸去時會帶走很多熱。在二十世紀初，冰箱和製冰廠還使用氨作為冷媒。我曾經嘗試著把「化學大力士」實驗中的氫氧化銣換成其他鹼（如氫氧化鈉、氫氧化鉀等），結果都會產生氨氣，也都會吸熱。

 **熱敷包**

除了冰敷以外，醫學上也需要熱敷。一般人使用熱敷包（又稱暖暖包）來保暖，也用熱敷處理受傷部位，以驅散瘀血。最直接的熱敷當然可以用電毯包住受傷的部位，但還是老問題：如果你正在荒郊野外，到哪裡找電毯？這時候就需要熱敷包了。

市面上所售熱敷包，大致上有兩種類型。一種是拋棄式的，另一種可重複使用。

拋棄式熱敷包只能使用一次，通常裡面的成分是鐵粉、食鹽水及蛭石。當我們搓揉外包裝時，裝食鹽

水的袋子破裂，食鹽水流出，與鐵粉混合，鐵粉迅速生鏽，放出熱量。鐵生鏽屬氧化還原反應，可分為陽極區與陰極區。其半反應（是指氧化還原反應的一部分）分別是：

陽極區：$Fe_{(S)} \rightarrow Fe^{2+}_{(aq)} + 2e^{-}$

陰極區：$H_2O_{(l)} + \frac{1}{2} O_{2(g)} + 2e^{-} \rightarrow 2OH^{-}_{(aq)}$

食鹽是電解質的一種，電解質就是溶於水能導電的化合物。食鹽溶於水能幫助陽極區與陰極區之間導電，所以會加速鐵生鏽的反應。好的一面，就是暖暖包的運用，壞的一面就是海砂屋的鋼筋容易鏽蝕。而蛭石屬於鎂鐵鋁的矽酸鹽類，有很多小孔，像棉被一樣可以作為隔熱材料，使熱量不要損失太快。把鐵粉、食鹽水及蛭石混在一起，就可以迅速放熱，而且溫度可以維持很長一段時間。可惜這種熱敷包只能使用一次，很不環保。

另外有一種重複使用的熱敷包，裡面裝的是過飽和醋酸鈉水溶液，和一小片圓形金屬片。使用時只要扳折金屬片，引發醋酸鈉沉澱，同時放出熱量。使用

過後，只要把熱敷包浸入熱水中，白色固體又再度變回透明的水溶液。

物質在水中的溶解量有一定的限度，稱為溶解度。固體在水中的溶液度與溫度有關，如果在特定溫度之下，溶液已達最大限度，這種溶液就稱為飽和溶液。如果溶解的量超過最大限度，這時溶液就稱為過飽和溶液。過飽和溶液非常不穩定，稍經打擾就會讓多餘固體析出，而恢復成飽和溶液。

過飽和醋酸鈉熱敷包中金屬片的功能，顯然就是打擾溶液，讓它發生沉澱。但是究竟它是用什麼機制引發沉澱？則爭議頗多。

有人說是金屬片刻痕中的形狀類似晶種，所以引發沉澱。有人說是扳折金屬片的聲音引發沉澱，但是我的學生曾試著用各種頻率的聲音（甚至包含人耳聽不到的超高頻及超低頻）試圖引發熱敷包沉澱，但都沒有成功。

如果溶液濃度尚未達到溶解度，稱為未飽和溶液，此時溶液極為穩定，無論如何攪拌或搖晃，都不

會沉澱；如果溶液濃度超過溶解度，稱為過飽和溶液，一般書上都說只要攪拌或搖晃，就會立即沉澱。但經我們深入研究後，發現過飽和溶液依其過飽和的程度又可以分為半穩定區及不穩定區，如圖 5-4。只要濃度超過溶解度 S，都叫過飽和溶液，但必須要濃度大於 T，才進入不穩定範圍。在不穩定區的溶液真的只憑聲音就可以引發沉澱，甚至只要摩擦管壁外面，就足以引發沉澱；而濃度介於 S 和 T 之間時，屬半穩定區，唯有晶種才能引發沉澱。

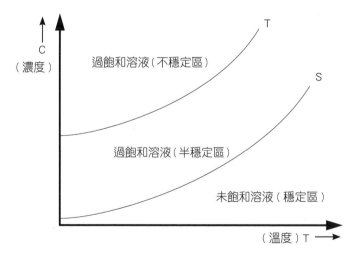

▲圖 5-4 T 線和 S 線之間的區域稱為半穩定區，在此區域內，不會自發性產生沉澱，但如果溶液中加入晶種，所加晶種就會長大；T線以上是不穩定區，在此區域中，能自發性產生晶核。

我們的研究發現，市售熱敷包中過飽和醋酸鈉的濃度恰好介於 S 與 T 之間的半穩定區，因此平時把熱敷包放在書包裡帶來帶去也不會引發沉澱，但一旦扳動金屬片，夾在刻痕裡的晶種就會彈射出來，引發結晶，同時另一面的刻痕又捕捉到少量過飽和溶液，作為引發下次沉澱的晶種，如圖 5-5。晶種其實就是一小片晶體，但是它會使其他同種類的粒子依附在它的表面，而長成大晶體。

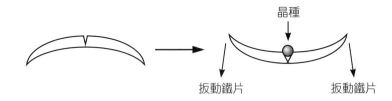

▲圖 5-5 小小的金屬片上有許多小夾縫，晶體被夾在夾縫中，扳折金屬片時，被夾住的晶體和過飽和水溶液接觸，就會長出結晶。

實驗DIY 自製暖暖包

　　了解熱敷包的原理之後，我們也可以自己動手做。秤取 10 克醋酸鈉三水合物放入乾淨倒入夾鏈袋中，再倒入 1 克的水，同時投入一枚乾淨長尾夾，將夾鏈袋封好，用沸水浸泡，使其溶解，即為半穩定區過飽和醋酸鈉溶液。反覆扳動長尾夾數次，直到袋中引發沉澱。因為乾淨的長尾夾中尚未夾藏晶種，第一次可能要扳動 4 ～ 6 次才會引發沉澱。不過只要發生首次沉澱，長尾夾細縫中即藏有晶種，之後每次扳動，都可以引發沉澱。重新浸泡熱水，使固體溶解，即為暖暖包。有需要的時候，只要扳動長尾夾，就可以放熱。唯一的缺點就是夾鏈袋不夠堅固，使用幾次後就會破裂。

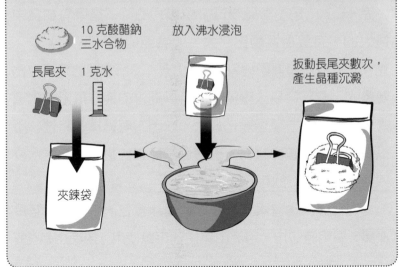

10 克酸醋鈉三水合物　　放入沸水浸泡

長尾夾　1 克水

扳動長尾夾數次，產生晶種沉澱

夾鍊袋

科學LINE一下

最易取得的保冷保溫劑——水

本文所介紹的冰敷包及熱敷包不靠外來的能源，而以化學反應或沉澱等變化改變溫度。優點是可以隨身攜帶，可以在野外使用，但它們都使用了化學藥劑，一般人不容易自行製造，只能到藥房購買。如果是在家裡遇到需要冰敷及熱敷時，最方便的材料就是水。

平時可以購買橡皮製水袋，遇到需要冰敷時，由冰箱冷凍庫取出一些冰塊，加點水倒入水袋中，立刻就成為冰敷包。水不僅容易取得，更重要的是它的比熱很大（1卡／克·℃），是「常見物質」中最大的（不是所有物質中最大的，有數種氣體比它大，如氫氣的比熱是1.24卡／克·℃）。比熱是讓1克的物質上升1℃所需要的熱量，比熱愈大，愈不容易改變溫度。所以潮溼的地方氣溫變化不大，乾燥的地方氣溫變化較大。水因為有這樣的特性，所以既適合當冰敷的材料，也適合當熱敷的材料。前述水袋只要改裝熱水，就可熱敷。

有些藥房也會販賣一些家庭用冰敷包，平日放冰箱冷凍庫，要用時取出，用毛巾包住就可以使用。用毛巾包住，

一方面怕這種冰敷包溫度太低，直接接觸皮膚，會有不適的感覺；另一方面，這種低溫的物體在空氣中會使水氣凝結，冰敷包外表會出現水滴，最好用毛巾吸乾，免得弄溼枕頭或衣物。這種放冰箱的冰敷包，隨著各家廠商而有不同配方，不過通常都是由海棉吸上一些比熱大的液體，然後封入不透水的塑膠套中。其實只要有冰箱，用水袋就有同樣的功能了。

06 甜蜜的化學 1 ──血型由醣決定？

　　小朋友愛吃糖，父母卻擔心他們蛀牙；愛美的小姐們愛吃甜點，卻擔心發胖；有糖尿病的人，不能吃糖，只好吃代糖。我們對糖真是愛恨交織。

　　依化學的定義，醣是碳水化合物。例如葡萄糖的分子式是 $C_6H_{12}O_6$，所有的醣都是由碳、氫和氧三種元素構成的，其中的氫原子數和氧原子數之比為 2:1，恰好和水分子一樣，所以從前的化學家就稱這類物質為碳水化合物。

　　到目前為止你可能已經發現，我們用了兩個不同的「糖」和「醣」字。這兩個字有什麼差別呢？化學上泛指所有的碳水化合物為「醣」，而一般人口中的「糖」是指由甘蔗、甜菜等物質提煉出來具甜味的食品。糖也是碳水化合物，所以「糖」屬於「醣」。

單醣與雙醣

單醣

　　在生物體內的碳水化合物中，最基本的單位稱為單醣，像葡萄糖就是單醣，此外果糖和半乳糖也都是人類可以食用的單醣，它們的分子式都是 $C_6H_{12}O_6$，這類分子式相同，但結構式不同的物質，稱為**同分異構物**。

　　葡萄糖是生物體內最重要的單醣，植物的光合作用會產生葡萄糖（如圖 6-1），細胞也以葡萄糖為主

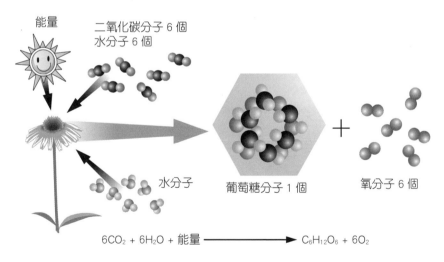

能量

二氧化碳分子 6 個
水分子 6 個

水分子　　　　葡萄糖分子 1 個　　　　氧分子 6 個

$$6CO_2 + 6H_2O + 能量 \longrightarrow C_6H_{12}O_6 + 6O_2$$

▲圖 6-1 綠色植物以水和二氧化碳為原料，利用陽光進行光合作用，生產葡萄糖等碳水化合物，供植物本身所利用。

要能源，所以因生病而無法進食的人可以注射葡萄糖液。人的血液內隨時都有葡萄糖，稱為血糖。如果血糖經常過高，就是有糖尿病；如果血糖太低，又可能會昏迷或死亡。

純的**果糖**是白色固體，不過果糖是最容易溶於水的醣，市面上賣的果糖是很濃的果糖水溶液，濃度可達90％以上。蔬菜、水果和蜂蜜中都含有不少果糖。果糖的甜度是天然醣類中最高的，約為蔗糖的 1.73 倍，糕餅及飲料業喜歡用果糖作為甜味劑，就是看上這一點。果糖的升糖指數是所有天然醣類中最低的，只有 19。升糖指數用來測量每一種食品吃進去之後，血糖上升的速度，以葡萄糖的升糖指數 100 作為標準，糖尿病人要避免吃升糖指數太高的食物。

半乳糖的甜度比葡萄糖還低，存在於乳製品中。半乳糖在生理方面的角色很微妙，例如它是決定血型的血液抗原中的成分之一，O 型和 A 型血液抗原含有兩個半乳糖單體，B 型血液抗原含有三個半乳糖單體（如圖 6-2）。另外半乳糖可用於治療局部性腎絲球

硬化症（focal segmental glomerulosclerosis，一種腎臟病，可能會導致腎衰竭或蛋白尿）。不過也有部分以老鼠為對象的研究指出，半乳糖可能和老化有關。

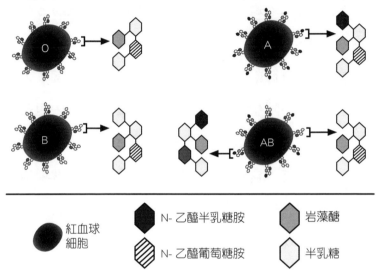

紅血球細胞

N- 乙醯半乳糖胺

N- 乙醯葡萄糖胺

岩藻醣

半乳糖

▲圖 6-2 半乳糖單體為血型的成分，不同血型有不同數量的半乳糖單體

雙醣

由兩個單醣接在一起脫去一個小分子，就變成**雙醣**。例如麥芽糖是由兩個葡萄糖構成的，蔗糖是由一個葡萄糖和一個果糖構成的，乳糖是由一個葡萄糖和一個半乳糖構成的。它們的分子式全都是 $C_{12}H_{22}O_{11}$，

互為同分異構物。

顧名思義，**麥芽糖**是由麥芽泡在水中發酵而來的。不過當我們在吃米飯時，只要細嚼慢嚥就能體會到淡淡的甜味，這就是唾液中的澱粉酶把澱粉分解成麥芽糖的緣故。

蔗糖是由甘蔗提煉而來，台灣是產糖大國，大家對蔗糖應該不陌生。蔗糖對身體的壞處很多，包括蛀牙、糖尿病及肥胖。其實牙齒的細菌會分解任何糖，不只蔗糖，吃了含糖的食物，幾分鐘之後，就變成乳酸。牙齒的 pH 一旦降低，牙齒上的琺瑯質立刻遭到破壞。所以喝汽水、可樂及果汁等酸酸甜甜的飲料，對牙齒造成的傷害最大，喝完應該立刻漱口。琺瑯質是氫氧磷灰石，遇酸會分解：

$$Ca_{10}(PO_4)_6(OH)_{2(s)} + 8H^+_{(aq)} \rightarrow$$

$$10Ca^{2+}_{(aq)} + 6HPO_4{}^{2-}_{(aq)} + 2H_2O_{(l)}$$

在飲水中添加含氟的化合物，或使用含氟牙膏，可以將琺瑯質中的 -OH 基換成 -F，變得堅硬耐酸。因此某些國家會在自來水中添加含氟化合物，以減少蛀

牙。台灣的自來水中沒有加氟，消費者可以選用含氟牙膏。

　　乳糖存在於乳汁中，約占乳汁中重量的 2～8%。乳糖既不甜，又難溶於水，通常很少添加於食品中。但是嬰兒奶粉卻非加乳糖不可，因為真正人乳中的乳糖比牛乳高。由於哺乳動物小時候都會吃母親的乳汁，所以體內會分泌乳糖酶，消化乳糖。但有些種族的人在長大之後就很少喝牛乳或羊乳，所以身體就漸漸減少分泌乳糖酶，這些人長大後偶爾喝牛乳或吃乳製品就容易拉肚子，稱為「乳糖不耐症」。如果再度接觸乳製品一段時期，身體又會恢復製造乳糖酶，「乳糖不耐症」就可不藥而癒。

 ## 代糖不是糖

　　既然糖會害人蛀牙又變胖，廠商就找了一些不是糖，但具有甜味的物質，作為**代糖**。糖尿病患者吃了代糖，血糖也不會升高。聽起來很不錯，對不對？可是為了代糖的安全問題，可吵翻天了。

　　以目前使用最廣泛的代糖阿斯巴甜（aspartame）來說，它的分子結構如圖 6-3，你可以看出它除了碳、氫和氧原子之外，還含有兩個氮原子，所以它不是碳水化合物，不屬於醣類，反而比較像二肽（由兩分子胺基酸接在一起形成的分子）。在各種代糖中，阿斯巴甜的味道最接近蔗糖，也是最多糖尿病患採用的代糖，不過它不耐高溫，在烹煮之後會失去甜味。美國食品與藥物管理局（FDA）的官員形容阿斯巴甜是「本局批准過的食品添加物中，經過最澈底檢驗的一種」，它的安全性無庸置疑，不過仍有人深表懷疑，至今論戰不斷。

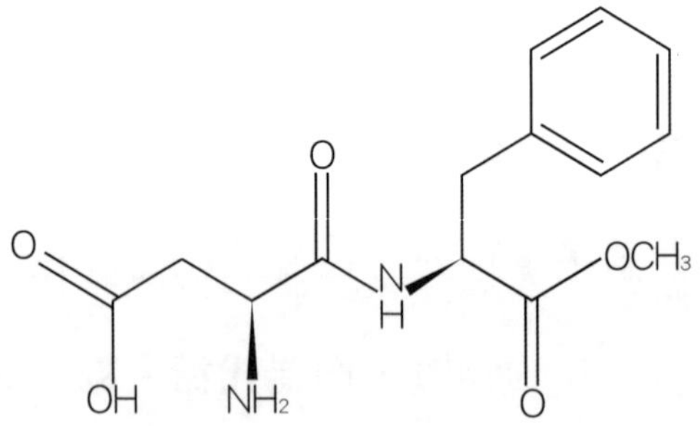

▲圖 6-3 阿斯巴甜的分子結構

此外，無糖口香糖常用**木糖醇**作為代糖，分子結構如圖 6-4，分子式為 $C_5H_{12}O_5$，你可以看出它的氫原子數和氧原子數並不是 2:1，所以也不是碳水化合物，不屬於醣類。木糖醇其實是多元醇（分子中的 -OH 基多於一個），甜味與蔗糖相當，但熱量少了三分之一。因為細菌無法由木糖醇取得能量，嚼無糖口香糖不會使口腔變酸，反而刺激唾液分液，防止蛀牙。而且在咀嚼過程中，會擠出耳垢，清潔耳咽管，減少中耳炎發生。食用木糖醇沒有明顯毒性，但少數人會有拉肚子的現象。

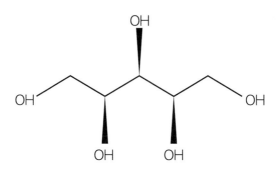

▲圖 6-4 木糖醇的分子結構

　　糖精的身世就更離奇了。糖精的化學結構如圖6-5，讀者可以看出來，其中含硫及氮的原子，不是醣類，但是它的甜度比蔗糖高出很多。糖精在 1878 年就被發現，在我小時候，它似乎是最流行的代糖了。1970 年代，以老鼠為對象的實驗證明，糖精會誘發膀胱癌，結果所有含糖精的食物全部都必須標上警語。但是到了 2000 年，科學家發現老鼠的尿液 pH 較高，且含有高濃度的磷酸鈣及蛋白質。這些物質會與糖精結合，產生傷害膀胱的微晶，而老鼠的膀胱為了彌補這種傷害，就會產生過多的細胞，最後形成腫瘤。因為在人類的尿液並沒有這種條件，換句說，人類吃糖精並不會誘發膀胱癌，所以這些警語又被移除了。

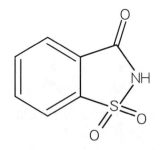

▲圖 6-5 糖精的分子結構

如前面所述，醣類帶給人類生存所需的熱量，又有甜蜜的滋味。但是會造成蛀牙、肥胖，對糖尿病患者而言，更會威脅其生命。有些營養學家建議把糖列為易上癮的毒藥，紐約前市長彭博曾禁止販售大包裝的含糖飲料，不過這個命令後來被法官宣布無效。這一切都顯示人們對糖真是愛恨交織。

而代糖的出現，解決了一部分糖所帶來的健康問題。不過人們根深柢固認為天然的最好（而忘了造成蛀牙與肥胖的，正是天然的蔗糖），因而有關代糖會致癌的傳言，老是無法根絕。

看來在未來的數十年，甚至數百年之內，人類面對糖時，仍然面對煎熬的難題：吃，或不吃？（To eat, or not to eat?）

科學LINE一下

糖精——陰錯陽差的甜蜜意外

糖精是 1878 年在約翰‧霍普金斯大學雷姆森（Ira Remsen）教授的實驗室中發現的，但不是他本人發現的。

雷姆森極為聰明，21 歲時就以優異的成績，由哥倫比亞大學醫學系畢業，並取得醫學博士學位。但是他很快就放棄以醫師為職業，改攻讀化學，他到德國慕尼黑大學研讀化學，接著又轉到哥廷根大學。

他在哥廷根大學的實驗室裡開始研究磺基苯甲酸，總共發表了與這類化合物有關的論文共 75 篇，為日後糖精（苯甲磺醯胺）的發現埋下種子。雷姆森在 1876 年，帶著德國的化學教育新觀念回到美國，在約翰‧霍普金斯大學擔任教授，並繼續進行他在德國的研究。

1877 年，俄國化學家法柏格（Constantin Fahlberg）受雇於巴爾的摩的一家進口公司。這家公司專門進口糖，而法伯格是研究糖的專家。因為這家公司進口的糖，被美國政府以「純度可疑」扣押了，所以公司聘請法柏格分析這批糖，並付錢請雷姆森提供實驗室讓法柏格進行試驗。完成試驗後，等候出庭作證前的空檔，法柏格得到雷姆森

的同意，使用他的實驗室進行自己的實驗。雙方相處十分愉快。1878 年初，雷姆森同意讓法柏格參與他的實驗。

有天晚上，法柏格完成一整天的實驗後，坐下來吃晚餐，用手抓起一塊麵包（請注意，做完實驗後，沒有洗手就吃東西很危險），咬了一口，發現外皮甜得不得了。原來那一天稍早，他的手沾到實驗用的化合物了。他立刻跑回實驗室，把實驗桌上所有的東西——包括瓶子、燒杯及各種器皿——都嚐一下（請注意，這是危險動作，實驗室的物品都不可以放入口中），最後在某個燒杯中找到甜味來源——苯甲磺醯胺。其實法柏格早就曾經用別的方法合成過苯甲磺醯胺，只是他從未想過要去嚐它的味道，這次的陰錯陽差，讓他發現了史上第一種商業化的代糖。

雷姆森與法柏格兩人在1880年聯合發表了一篇論文，描述了合成糖精的方法，並形容它「比蔗糖還甜」。

由雷姆森放棄行醫，改讀化學，就可以看出他是個重視名譽勝過金錢的人，他看不起工業化學，只追求純化學。但是法柏格不同，他在 1884 年離開雷姆森的實驗室後，申請了德國和美國的專利。1886 年又申請了其他專利，並自稱是獨力發現了「法柏格的糖精」。雷姆森非常不滿，立刻向化學界提出控訴。發現糖精的兩位科學家最後的關係不太甜蜜。

07 甜蜜的化學 2 ──生命能量的來源

醣的分類中，除了前一篇我們談到的單醣與雙醣之外，另外還有多醣與寡醣。

多醣是由數百至數千個單醣分子結合而成大分子，主要存在於植物性食品，如飲食中常見的米、麥或馬鈴薯等，是人類獲取能量的主食來源。而寡醣能培養腸道中的好菌，促進腸胃健康。

 ## 多醣

多醣是由許多單醣組成的聚合物，分子式可以由（$C_6H_{10}O_5$）$_n$ 表示，其中的 n 可能是 40～3,000 之間的整數。常見的多醣有澱粉、肝醣、纖維素等，雖然它們的分子式都可以用（$C_6H_{10}O_5$）$_n$ 表示，但不能把它們當成同分異構物，因為其中的 n 都不同。就算同為澱粉，各分子的 n 也不相同，因為聚合物每一段鏈

的長度並不相同，分枝程度也不同，所以聚合物都算是混合物。多醣都不甜，現在你可以很清楚知道醣與糖的區別了。

 澱粉

綠色植物在光合作用後，產生葡萄糖。植物本身會把許多葡萄糖聚合在一起形成**澱粉**，作為儲存能量的方式。澱粉分子又分直鏈澱粉和分枝澱粉。大家在小學都學過，碘與澱粉反應會產生藍黑色，這是實用的化學檢驗方法，也曾在〈臭氧——地球的防護罩〉談過。這個藍黑色的產物是由 I_3^-（三碘錯離子）和 I_2（碘分子）形成約 5 ～ 7 個原子的直串，進入螺旋形的直鏈澱粉分子所形成，圖 7-1 為此有色物質的結構示意圖。

澱粉除了作為食物外，還可以塗膠（sizing）在紙上，加強紙的強度，否則紙的纖維容易斷裂。你可以從筆記本中撕下一張紙，摺好後放在口袋裡，和紙鈔一起，每天拿出來打開再摺好收進口袋，兩三天後，

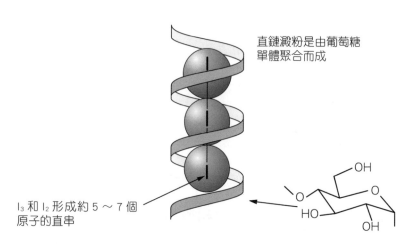

直鏈澱粉是由葡萄糖
單體聚合而成

I_3 和 I_2 形成約 5 ～ 7 個
原子的直串

▲圖 7-1 澱粉與碘分子離子化合物

那張紙就會斷裂。而製造鈔票的特殊用紙，因為纖維特別長，不必用澱粉塗膠，也不會斷裂。所以有一陣子，商家就用驗鈔筆來檢驗偽鈔，這種驗鈔筆使用一種有刺鼻臭味的黃色墨水，若畫在真鈔上會呈現黃色，若畫在假鈔上則呈現藍黑色。其實這種墨水就是碘液，可由碘分子溶於碘化鉀水溶液製成。化學式如下：

$$I_2 + I^- \rightarrow I_3^-$$

既然真鈔假鈔的區別在於紙上是否使用澱粉塗膠，用檢驗澱粉的方式當然就可以檢驗鈔票真偽。

肝醣

　　植物把過剩的能量用澱粉的形式儲存起來，而人類若吃太多，能量過剩，會用脂肪（所以吃太多會變胖）及**肝醣**的形式儲存起來，所以肝醣又稱為動物性澱粉。但是請記住，肝醣與澱粉並不是相同的分子，雖然它們都由葡萄糖構成，但分子量及分枝程度都不同。

　　一旦你吃下富含醣類的食物，血液中的血糖就會上升，胰臟也開始分泌胰島素。胰島素啟動各種酶，把多餘的葡萄糖聚合成肝醣，存放在肝臟裡（所以才叫肝醣嘛）。等到血糖降低後，胰島素也隨之減少，合成肝醣的反應便中止。過了一陣子，需要能量時，肝醣會被分解而變回葡萄糖，作為身體活動所需的能源，如圖 7-2。

纖維素

　　澱粉及肝醣都是作為儲存能量之用的多醣，而**纖維素**是支撐材料。纖維素也是由葡萄糖單體聚合而成

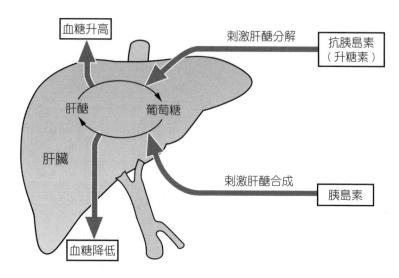

▲圖 7-2 胰島素調節葡萄糖、肝醣示意圖

—— α-葡萄糖構成澱粉，β-葡萄糖構成纖維素，兩者唯一的差別在於第一個碳上所接的 -OH（氫氧基）方向不同，圖 7-3 中的 (a) 為 α-葡萄糖，(b) 為 β-葡萄糖，方框內為雙方唯一有差異的部分。

人類對纖維素的消化能力不好，所以我們不像牛羊可以吃草，不過我們仍應多吃含有纖維素的食品。因為纖維素雖然不溶於水，但在通過消化道時，可吸收水分，使糞便體積變大，有助於排便，是膳食纖維中的重要成分之一。

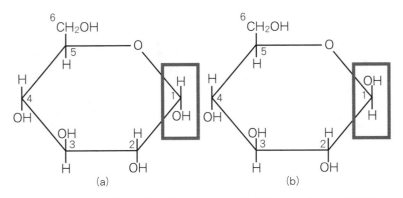

▲圖 7-3 纖維素由葡萄糖組成：(a) 為 α- 葡萄糖，(b) 為 β- 葡萄糖，
二者唯一的差別在於第一碳上所接的 -OH 方向不同。

纖維素是植物細胞壁的主要成分，是地球上含量最多的有機物，目前最大的用途是造紙。除此之外，纖維素占棉花重量的 90％，可見纖維素在人類的衣著方面也有重大的用途。

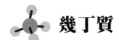 **幾丁質**

有一種以葡萄糖為單體當作主要成分的聚合物，稱為幾丁質（chitin）。嚴格講起來，幾丁質不屬於醣類，因為它的結構中含有氮原子，如圖 7-4，如果把圖中方框內的原子團換成 -OH 就和纖維素一模一樣，

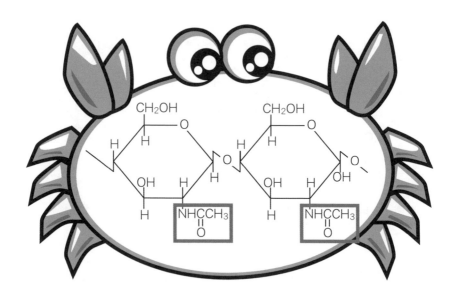

▲圖 7-4 幾丁質的分子結構幾乎和纖維素相同，
唯一的差別在於方框內的原子團。

所以常被併入多醣中一起討論。植物的細胞壁是由纖維素構成，而真菌類的細胞壁及節肢動物（蝦、蟹、昆蟲）的外殼則是由幾丁質構成。

幾丁質的用途很多，在工業上和澱粉一樣，可以作為紙類的外膠。在醫藥上可以作為外科縫線，因為屬於生物降解聚合物，所以隨著傷口癒合，縫線也會降解（所謂「降解」，是指大分子分解為小分子。「生物降

解」是指廢棄後的物品在自然環境中可被微生物分解為可利用的物質。），不需要拆線。不過環境中若有太多幾丁質，可能增加氣喘發作的機率，不可不慎。

 寡醣

如果是由少數單醣（通常是 2～10 個）組成的碳水化合物，就稱為寡醣。寡糖有很多種，例如果寡醣、半乳糖寡醣等。

香蕉、洋蔥等蔬果中都有天然存在的果寡醣，果寡醣的化學成分可以用 GF_n 或 F_m 示，其中的 G 代表葡萄糖，F 代表果糖，n 及 m 可能是 1～7 的正整數。寡醣分子無法被人體所吸收，但在腸道中可被微生物分解而產生氣體和小分子代謝物。因此，若大量攝取寡醣食物，容易造成脹氣。但是許多寡醣可以作為腸菌族（intestinal flora）的食物，所以會使益生菌（probiotics）增加，害菌減少，進而造福腸胃道的健康。

科學LINE一下

幾丁質——最古老的修飾澱粉

台灣的立委和媒體把修飾澱粉稱為毒澱粉（詳見〈食品添加物「反」了？〉一文，p.100），如果有一種物質被歸類為修飾纖維素，你會不會嚇一跳，擔心這種物質也有毒呢？其實它就是本文介紹的幾丁質。

幾丁質又稱為甲殼素，是節肢動物外骨骼裡的主要組成部分。幾丁質在農業、工業及醫藥上都有重要用途，是個形象相當正面的物質。由圖 7-4 中可看出，幾丁質只不過是把纖維素中的部分 -OH 修飾為 $-NHCOCH_3$ 罷了。簡單的說，植物用纖維素作為支撐材料，節肢動物就把植物慣用的纖維素稍微修飾一下，作為自己的支撐材料。

幾丁質出現在地球上的年代極早，可能在動物與植物分家之時就出現了。海綿的化石紀錄可以追溯到前寒武紀（自地球形成至寒武紀期間，約距今 46 億年至 5 億 4,000 萬年之間）。辨識海綿的骨骼結構與成分，對了解後生動物（是指出現肌肉、神經組織及消化腔的動物，而海綿不屬於後生動物）的早期演化有重要的意義。換句話說，找到海綿骨骼中的幾丁質，對考古科學很重要。

　　問題是科學家怎麼知道哪一塊化石中有幾丁質呢？因為幾丁質會吸附染料，所以科學家就用螢光染料加在化石上，以光照射後，含有幾丁質的化石就會產生螢光。

　　科學家用這種方法，在中寒武紀的基斯頁岩（位於加拿大洛磯山脈，是有名的化石產地）中，意外發現了保存良好的海綿，並找到已有 5 億年歷史的幾丁質。真夠老的！

08 透視一把老骨頭的萬年密碼

　　有一次在旅遊途中，因投宿的旅館燈光昏暗，不宜閱讀，只好拿著遙控器不停轉換頻道當一天的「電視兒童」，希望能找到可看的節目打發時間。結果在談話節目中，聽到很爆笑的對白。那個節目是由來賓（都是名士或貴婦）拿出自己收藏的骨董，請專家鑑定估價。結果某件古畫被評定有五百年至一千年的歷史。

　　主持人發出「哇！」的讚嘆聲，而骨董主人則是一臉不可置信的表情，因為他是以很低廉的價錢買進這幅古畫的。

　　主持人繼續問：「距今五百年大概是什麼時代？」

　　專家回答：「大約是南北朝！」

　　主持人又發出「哇！」的讚嘆聲，但是我卻笑翻了。唉！中國的歷史大約被他謀殺了一千年，這種專

家的水準可見一斑。

　　由畫風、筆觸及畫紙破舊程度判斷年代，是屬於藝術的一環，不過卻很容易造假。舉例來說，2009年大陸南京藝術學院美術考古學副教授薛翔到圓山飯店參加藝術交流活動時表示，他在上廁所時，發現明代書畫家王寵的真跡，價值達美金一萬元，指責圓山不識貨，竟把國寶掛廁所。但國內的專家卻說那根本不是王寵真跡，只是複製品，一幅不過一百元，想買幾幅都有。像這類問題，雙方都是專家，看法卻南轅北轍，爭論不休，難有定論。這時候可能就要借助於科學方法，分析畫布、顏料或顏料底下是否另有草稿等，以尋求更多佐證。

 ## 贗品的照妖鏡──碳定年法

　　考古科學上有一種非常有用的技術：放射性碳定年法，此種方法是利用碳-14（寫成 ^{14}C）的衰變，來估計有機物的年代。有機物就是含碳的物質，所有的動植物都是由有機物構成，而藝術品中的畫紙、畫布

或木雕等莫不是有機物。至於無機物，大多不含碳，但仍可使用其他元素同位素定年法，例如本文後段會介紹鈾－釷定年法。

美國化學家屬比（W. Libby）在 1949 年發明這個方法，並獲得 1960 年諾貝爾化學獎。許多有名的考古物件均曾用此一技術求出正確年代，其中包括死海經卷、杜林屍布等。以杜林屍布為例，這塊亞麻布在 1350 年代出現於法國，上面有血跡，血跡形狀又似一男子面貌，傳說為耶穌死亡時覆蓋的屍布。雖然在當時就有人認為那是偽造的，但信者恆信，傳聞不斷。到了 1988 年，經三個不同的實驗團隊以放射性碳定年法研究，不約而同都確認這塊布大約是在 1260 ～ 1390 年製成，恰好是它首次出現的年代，顯然是偽造，不可能覆蓋過耶穌。

為什麼放射性碳定年法這麼厲害，可以決定幾百年甚至幾千年前的物品年代？

這要從**同位素**談起，所謂同位素就是質子數相同，但中子數不同的原子。碳有兩種穩定的同位素：

碳-12（^{12}C）和碳-13（寫成 ^{13}C）。它們都有6個質子，才能稱為碳，但碳-12 有 6 個中子，質子數與中子數加起來叫質量數，質量數 6+6=12，這就是碳-12 名稱的由來；而碳-13 有 7 個中子，質量數 6+7=13，所以叫碳-13。除了這兩種碳之外，地球上還有另一種放射性的碳-14 同位素。所謂放射性同位素，就是這種原子的原子核（含質子和中子）不安定，因而不斷放出 α 粒子、β 粒子或 γ 射線，變成安定的原子核，這個過程叫**放射性衰變**。碳-14 的半生期為 5730 年，也就是說每經過 5730 年就有一半的碳-14 原子核發生放射性衰變，變成安定的氮原子，如圖 8-1。

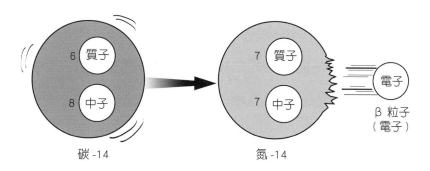

▲圖 8-1 碳-14 的衰變過程

　　既然碳 -14 會衰變，那麼它遲早會衰變到消失得無影無蹤，有什麼好談的？巧妙的是，由超新星或大型恆星發出的宇宙射線不停的轟擊大氣層，並與氮分子或氮原子反應，在平流層生成新的碳 -14：

$$n + {}_{7}^{14}N \rightarrow {}_{6}^{14}C + p$$

　　其中的 n 代表宇宙射線中的中子，而 p 代表產生的質子。N 左下角的 7 和 C 左下角的 6 都代表其原子核中的質子數。左上角的數字是質量數。

　　上述反應產生的碳 -14 又與氧氣相互作用，產生二氧化碳（CO_2）。綠色植物吸入這些二氧化碳，經光合作用，身體內就含有一定比例的碳 -14，如圖 8-2；動物以植物為食物來源，所以體內也有了碳 -14。這些生物在活著的時候，體內的碳 -14 與碳 -12 維持著一定的比例。但生物死亡後，不再與外界交換碳原子，碳 -14 只能因衰變而逐漸減少，而碳 -12 仍穩定存在，所以碳 -14 ／碳 -12 之比值會隨時間而逐漸減小，由此一比值即可推算生物死亡的年代。同樣的道理，由死亡的生物製成的布或皮革等物品，只要測量其中

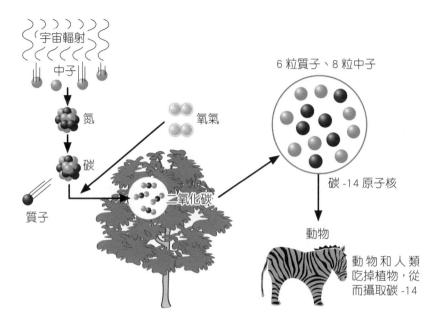

▲圖 8-2 由超新星或大型恆星發出的宇宙射線不停轟擊大氣層，並與氮
　　　分子或氮原子反應，在平流層生成新的碳 -14，然後與氧氣相
　　　互作用，產生二氧化碳（CO_2）。綠色植物吸入這些二氧化碳，
　　　經光合作用後，身體內就含有一定比例的碳 -14。

碳 -14 ／碳 -12 之比值，就可以知道這件物品製造的
年代，這就是放射性碳定年法的原理。

　　後來進一步研究發現宇宙射線並不是均勻的轟擊
地球的地表，所以即使是同一年代的樹木，因生長的
地區不同，其體內所含碳 -14 比例也會略有不同，若
要精確求出正確年代，均須加上地區性的修正。

化石的偵探──鈾－釷定年法

考古定年法不只使用碳 -14，其他放射性同位素也都可以派上用場。如果是要研究年代比骨董更久遠的沉積岩，研究者會用到一項利器，稱為鈾－釷定年法（uranium-thorium dating）。所有的天然水中都溶有一定量的鈾，這些鈾最常以鈾（VI）的氧化態與氧形成帶正電的 UO_2^{2+} 而溶於水中，因此天然水造成的沉積都含有痕量（trace amount）的鈾，大約幾 ppb（1 ppb ＝十億分之一）到幾 ppm（1 ppm ＝百萬分之一）之間。相反的，釷並不溶於天然水中，因此，天然水造成的沉積通常都不含釷。隨著時間推移，沉積物中的鈾-238 會衰變成鈾-234，鈾-234 再衰變成釷-230。鈾 -238 的半生期為 4.4683×10^9 年，鈾 -234 的半生期為 244,550 年，釷 -230 的半生期為 75,381 年。只要測量沉積物中各種同位素的比例，就可以推算出沉積物的年代。

考古科學不只會推斷古物或化石的年代而已，還

能推算當時的氣候狀態。由於太陽磁場會讓宇宙射線偏離地球，太陽活動較弱的時候，進入大氣層的宇宙射線會較多，宇宙射線與大氣分子碰撞，會產生較多的碳 -14 和鈹 -10。如果我們把石灰岩洞中的石筍鋸下（不過，除非你是這方面的科學家，而且是為了研究需要才能這麼做，否則請勿任意破壞石灰岩洞），利用石筍各層中的碳 -14 及鈹 -10 的同位素含量，就可以重建過去太陽活動的強弱。而太陽活動是影響季風強弱的主要因素，當太陽活動旺盛，氣溫變高時，季風就會增強，反之，季風就會變弱。如此一來，由岩層中碳 -14 及鈹 -10 含量就可以知道古代的天氣狀況。

不但如此，經由考古定年法，還可以知道古代的動植物演化及分布的情形，不必經由時光隧道，我們也可以穿梭古今。

科學LINE一下

石像會走路？

　　考古學屬於科學的一支，凡事必須講求證據。但有時意見不同的雙方都提出證據時，仍然難以判定何者為真。

　　例如，復活島上的巨石像被視為世界七大奇景之一，將近1,000尊石像散布在全島163平方公里的廣大面積裡，其中最大的石像有74噸重，高度有10公尺。這些巨石像有許多謎團待解，但有一個問題最令人困惑：這些數噸重的巨石像在雕刻好後，要如何由採石場搬運到全島各地？

　　曾有考古學家主張，距今800年左右，居住在復活島上的玻里尼西亞人，把這些石像放倒了，然後放在兩條平行的樹幹上滑動，就像現代人用鐵軌搬運貨物一樣。這個理論解釋了為什麼島上的文明隨著這些石像的建立而逐漸衰頹，最後許多石像及採石場都被棄置，因為他們把森林都砍伐始盡，難以繼續生活了。

　　但是加州大學長灘分校的考古學家立波（Carl Lipo）認為，石像是用「走」的。他注意到每一尊石像都有一點向前傾，表示在打造之初，就沒打算要以水平的方式滑動。立波教授還注意到許多被棄置在路旁的石像，如果位於上

坡路段，則石像通常以背著地；如果位於下坡路段，則石像通常以臉著地，顯然當時是以直立的方式移動。

　　立波與位於檀香山夏威夷大學的杭特（Terry Hunt）合寫了一本《會走路的雕像》，提出這種與眾不同的看法。結果一家美國電視公司的節目要求他們兩人用真實大小的模型證明他們的假說。有一家造船廠還打造了一尊重 4.4 噸，高 3 公尺的水泥塑像供他們實驗。

　　一個 18 人的團隊，加上三條麻繩，一條由後面綁住石像，避免它仆倒，另兩條麻繩分別由左前方及右前方拉扯石像，使它向前走。經過數天的練習之後，他們終於能使石像在一小時內走 100 公尺。（在 http://www.youtube.com/watch?feature=player_embedded&v=yvvES47OdmY 可看到石像走路的情形，真的還蠻像人走路的。）

　　但是加州洛杉磯分校的考古學家蒂爾堡（Jo Anne Van Tilburg）不認同他們的說法，她率領她的團隊也輕鬆又快速的用樹幹移動了石像。（在 http://www.youtube.com/watch?feature=player_embedded&v=81fFWjc04Q4 可看到用樹幹搬運石像的情形。）

　　雙方都用實驗證實了用自己所說的方法可以移動石像，所以這個問題，暫時還沒有定論。

MEMO

09 食品添加物「反」了？

在 2013 年 5 月，台灣爆發一連串毒澱粉事件。所謂毒澱粉，其實是修飾澱粉，台灣核准的修飾澱粉有數十種，但是不包含用順丁烯二酐修飾的澱粉，整個事件是違法添加物的問題。用順丁烯二酐修飾的澱粉在別的國家可以當成製造塑膠的原料、黏著劑、填充劑，或當成麵包的軟化劑，但台灣沒有核准，即為不合法。

在此事件中，各家媒體對這則新聞的報導有點分歧，有的指出是澱粉中加了順丁烯二酐，有的說是加了順丁烯二酸。其實順丁烯二酐加水就會變成順丁烯二酸，由於整個反應屬於酯化反應，水分愈少愈好，所以採用「順丁烯二酐」較為合理。

順式與反式——為有機化合物命名

　　我們不妨利用這個機會認識一下有機化合物的命名原則。首先來看「順」字，當然有順就有「反」。在化學上順反異構物有三種情況，第一種是發生在兩個碳原子以雙鍵的形式鍵結時（稱為碳碳雙鍵）；第二種情況發生在環狀化合物；第三種情況發生在配位錯合物。本文僅介紹第一種順反異構物。

　　所謂化學鍵，就是原子間的交互作用，通常如果原子間只有一對電子形成鍵結，就是單鍵；如果原子有兩對電子形成鍵結，就是雙鍵；如果原子間有三對電子形成鍵結，就是參鍵。由於碳原子最外層有四個電子，所以碳原子可以連接四個鍵，在連接雙鍵後，還剩下兩個鍵可以與其他原子鍵結，所以碳碳雙鍵上還剩四個位置可以連接其他原子或原子團，如圖 9-1 中的甲、乙、丙、丁四個位置，圖中 C 代表碳原子，兩個碳原子間那兩條直線代表雙鍵。

　　如果這四個位置所接的原子或原子團發生甲 ≠ 乙

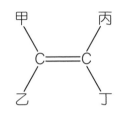

▲圖 9-1 碳碳雙鍵的結構

且丙≠丁的情形，就有了順反異構物的狀況，例如順丁烯二酸有一個異構物叫反丁烯二酸，二者的結構如圖 9-2。其中 (a) 的甲、丙位置都是氫原子 H，乙、丁位置都是 -COOH，甲≠乙且丙≠丁，有順反異構物，因為兩個 H 位於雙鍵的同一邊，所以屬順式。右邊的 (b)，所有的結構都與 (a) 相同，唯一的不同是兩個 H 在雙鍵的反側，所以屬反式。

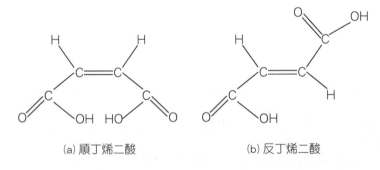

(a) 順丁烯二酸   (b) 反丁烯二酸

▲圖 9-2 順反異構物：(a) 為順式 (b) 為反式，唯一的差異是兩個 H 在雙鍵的反側。

在有機化學中，一個碳的化合物通常以甲作為中文名稱，兩個碳稱為乙，三個碳稱為丙，以此類推，圖 9-2 的化合物各有四個碳，所以叫丁。有碳碳雙鍵叫烯，有 -COOH 叫酸，有兩個 -COOH，叫二酸。這兩種化合物都叫丁烯二酸，為了區別一個屬順式，另一個屬反式，所以 (a) 稱為順丁烯二酸，(b) 稱為反丁烯二酸。

反丁烯二酸較順丁烯二酸來得對稱，所以熔點較高（反式熔點：287℃，順式熔點：134℃），若溫度繼續上升，就會發生分解，所以二者都沒有沸點。順丁烯二酸的兩個 -OH 相當靠近，會形成分子內氫鍵，使其中一個 H 被緊緊吸住，但另一個氫離子很容易解離。化學中的酸性強弱是以酸解離常數（K_a）的大小來看，順丁烯二酸與反丁烯二酸這兩種化合物都有兩個可解離的氫離子，所以有兩個酸解離常數，依次為 K_{a1} 及 K_{a2}。順丁烯二酸的 K_{a1} 比反式大，但因受分子內氫鍵牽引，順丁烯二酸的第二個 H 不容易釋出，K_{a2} 比反式小。不過因為 K_{a1} 總是比 K_{a2} 大很多，要比較酸性強弱，比 K_{a1} 就夠了。所以總結來說，順丁烯二酸

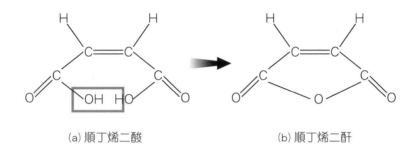

(a) 順丁烯二酸　　　　　　　(b) 順丁烯二酐

▲圖 9-3 （a) 順丁烯二酸脫去水後，也就是取走方框內的兩個
　　　　氫原子和一個氧原子，就變成(b) 順丁烯二酐。

的酸性要比反式大很多。關於這一對順反異構物性質的沸點高低及酸性強弱，很多書籍及報章都錯了，特別在此說明。

那什麼是順丁烯二酐呢？所謂「酐」就是缺少水的酸（缺少水就會乾，這個狀聲字譯得很好），只要把順丁烯二酸脫去水就變成順丁烯二酐，如圖 9-3，(a) 的分子是順丁烯二酸，把方框內的兩個氫原子和一個氧原子取走，就等於脫去一個水分子，變成(b) 的順丁烯二酐。

修飾澱粉──製造人工香味

　　化學家喜歡用某些化學藥劑與澱粉作用，稱為修飾澱粉，目的在改變澱粉的性質。順丁烯二酐是可以修飾澱粉的藥物之一，二者的反應可用圖 9-4 表示。其中 St-OH 代表澱粉，澱粉中有許多 -OH，我們只把即將反應的 -OH 標出來，箭頭上方的化合物就是順丁烯二酐，有機反應往往需要進行一連串的反應，為了方便起見，有時候不寫完整的平衡方程式，而把反應物寫在箭頭上方，箭頭右方是反應後的產物──修飾澱粉，屬於酯的一種。

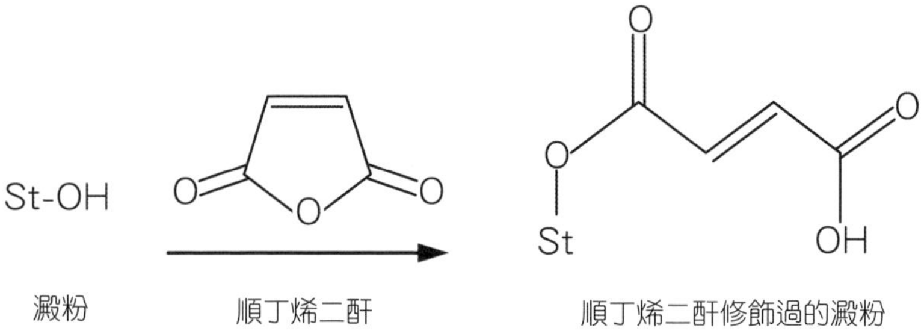

St-OH

澱粉　　　　順丁烯二酐　　　　　順丁烯二酐修飾過的澱粉

▲圖 9-4 順丁烯二酐修飾澱粉的過程

在化學上，酸和醇反應的結果會產生酯，這類反應稱為酯化。例如乙酸的化學式為 CH_3COOH，它有兩個碳原子，又含 -COOH，所以叫乙酸，它是醋的重要成分，所以又叫醋酸。而乙醇的化學式為 C_2H_5OH，含有 -OH，屬於醇，又有兩個碳原子，所以叫乙醇，它是酒的重要成分，所以又叫酒精。酸中的 -COOH 和醇中的 -OH 都是整個化合物中最能表現特性的原子團，就稱為「官能基」。

如果我們把乙酸和乙醇放在一起，滴入幾滴硫酸作為催化劑，二者相互反應，酸失去 -OH，醇失去 -H，酸和醇結合生成乙酸乙酯，-OH 與 -H 結合生成水。一般小分子的酯有香味，是花果香味的主要來源。乙酸和乙醇的酯化反應，方程式如下：

$$CH_3COOH + C_2H_5OH \rightarrow CH_3COO\,C_2H_5 + H_2O$$

你可以看出圖 9-4 的反應，也是酐（缺水的酸）和醇（澱粉上有很多 -OH，可視為多元醇）反應而生成酯。不過澱粉形成的酯，分子量太大，不會變成氣體跑進你的鼻腔，所以沒有氣味。

反式脂肪──要口感不要命

關於順反異構物，最引人注目的是反式脂肪。一般人所說脂肪是指三酸甘油酯，健康檢查時會有「三酸甘油酯」這一項，也就是血液中脂肪的濃度。你現在應該知道，三酸甘油酯這個名稱表示它們是由一種稱為甘油的醇和三個酸經酯化反應，而生成的酯。

甘油的學名叫丙三醇，意思是它有三個碳及三個 -OH，它的分子結構如圖 9-5。

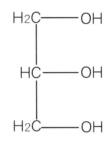

▲圖 9-5 甘油的分子結構

而脂肪酸是指有長鏈的有機酸，官能基是 -COOH。脂肪酸的種類繁多，我們只好用 RCOOH 表示，其中

的 R 是表示它的長鏈，通常是一大串碳和氫組成的分子團，R 若沒有碳碳雙鍵，就稱為「飽和脂肪酸」，如圖 9-6(a)；若有碳碳雙鍵，就是不飽和脂肪酸，如圖 9-6(b)。如果碳碳雙鍵不只一個，就稱為「多元不飽和脂肪酸」，如圖 9-6(c)。

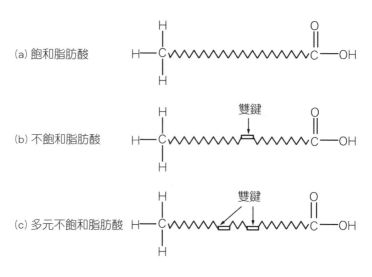

▲圖 9-6 各種脂肪酸的分子結構

我們已經知道，酸和醇反應會變成酯，現在我們讓三個脂肪酸分別接在甘油的三個 -OH 上，就成了脂肪，也就是三酸甘油酯，如圖 9-7，由於三個脂肪酸

通常各不相同，所以我們把三個 R 分別標示為 R^1、R^2 和 R^3，1,2,3 被標在右上角，而非右下角，是避免使人誤以為有一個 R、兩個 R、三個 R。

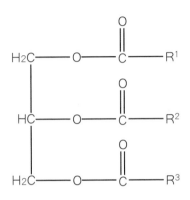

▲圖 9-7 三酸甘油酯的分子結構

　　一般而言，動物性脂肪中的 R 大多為飽和脂肪酸，而植物性脂肪中的 R 大多為不飽和脂肪酸，這些天然的碳碳雙鍵，往往是順式結構。

　　飽和脂肪酸因分子形狀規律，易排列整齊，在室溫常呈固態；不飽和脂肪酸因分子形狀歪歪斜斜，不易排列整齊，在室溫常呈液態。所以動物油常呈固態，植物油常呈液態。

　　另一方面，食用太多飽和脂肪酸容易引發心血管疾病，所以近年來，大家都樂於選購含多元不飽和脂肪酸的油品，如葵花油或橄欖油等。

　　所以，當我們希望固體的奶油塗在熱熱的土司麵包上，會融化成液體時，就需要一種不飽和程度介於植物油與動物油之間的脂肪。於是廠商就把氫氣加到植物油中（稱為氫化），把「一部分」的碳碳雙鍵變為單鍵。（只能消去一部分雙鍵，留下一部分雙鍵，若全部消去，脂肪就變得太硬了。）結果經由人工氫化後的脂肪，變成了反式結構，這類脂肪就是反式脂肪。反式脂肪會造成冠狀動脈心臟病、阿滋海默症及癌症等，壞處很多，因此政府規定販售的食品必須標示反式脂肪的含量。

　　下次購買食品時，記得看一下食品標示，含太多反式脂肪的食品就不要買喔！

科學LINE一下

反式脂肪曾經被宣告為健康食品

現在大眾對反式脂肪大加撻伐，但是你可能沒想到，在 1980 年代末，這些氫化植物油（如起酥油及人造奶油）都曾經被宣傳為健康食品。

科學界在 1980 年代發現動物油與心臟病的關係。當時的人認為氫化油既然是植物油，就不會像動物油一樣帶來心臟疾病，而且也符合很多宗教的需求。當時各種氫化植物油都以「健康！純素！」、「潔淨！」、「希伯來人等待了 4000 年！」等文宣標語作為宣傳。

其實科學家早在 1902 年就發現氫化後的植物油會變成反式。但是反式脂肪受到讚揚，認為比飽和脂肪好。例如 1986 年「公共利益科學中心（簡稱 CSPI）」提出的一份報告中，抨擊溫蒂漢堡使用牛油、椰子油及棕櫚油烹飪；而讚揚漢堡王及肯德基使用氫化植物油。

有趣的是，後來也是 CSPI 要求美國政府，自 2006 年起強制廠商要標示反式脂肪含量。

MEMO

10 劣酒瞬間變香醇好酒？

　　最近有人送我一個酒杯，說是「奈米杯」，我拿回家後拆開來看說明書。上面說酒杯含奈米金，可讓普通高粱酒變成陳年高粱酒，換句話說，用這種杯子盛裝的酒可以「升等」，從比較劣質的酒升級為醇酒。說明書中還附了一張檢驗報告，顯示把 58 度金門高粱酒倒入杯中搖盪一分鐘後，酒中的某些化合物（如正丙醇及異戊醇）會減少，而另一些化合物（如乳酸乙酯）則增加。

　　我在半信半疑的心態下，將伏特加倒入杯中，搖盪一分鐘後品嘗，味道真的變好了。伏特加原有的辛辣感減少，變得比較順口。

　　釀酒的原料是葡萄糖，就算是用高粱或米等穀類釀成的酒，也必須先用澱粉酶把澱粉分解為葡萄糖（$C_6H_{12}O_6$）後，才能進行酒精發酵。葡萄糖分子中

含六個碳原子，在發酵過程中由酵母菌催化反應，慢慢變成酒精（C_2H_5OH，含兩個碳原子，又有 -OH，所以學名叫乙醇）與二氧化碳。在由六個碳變成兩個碳的過程中，必須不斷切斷碳碳鍵。但是無論如何，在酒釀成之後，仍然有一些還沒完全切斷的分子混在其中，這些分子通常是碳數大於 3 的醇類，統稱為雜醇油（fusel oil），其中含量最多的是五個碳的戊醇。雜醇油會破壞酒的口感，對健康也不好。而酯則是醇與酸反應後的結果，也是香味的主要來源。一般相信，酒放得愈久會愈香，就是因為隨著時間推移，酒中的酸和醇會漸漸轉變成酯。因此劣酒中的雜醇油多，而美酒則是酯類多。

奈米金在此反應中可能扮演了催化劑的角色，減少了雜醇油，而增加了酯，難怪有「升等」的感覺。不過催化劑是不長眼睛的，它可能催化了任何可能的反應，所以檢驗報告中，屬於雜醇油的異丁醇也增加了，而具有香味的乙酸乙酯卻減少了。不過整體來講，改變很明顯，連我這笨拙的口舌都可以感覺出來。

表面積擴增的神奇效果

為什麼只要加上「奈米」兩個字，好像就會變得很神奇？奈米其實是長度的單位，米就是公尺，奈米是 10^{-9} 公尺，也可以寫成 0.000000001 公尺，1 奈米可以簡寫為 1nm。任何材料只要它的長、寬或高至少有一維是落在 1 ~ 100 奈米的尺度，就屬奈米材料。平常大尺度的材料屬於塊材，奈米材料比塊材的顆粒小，接觸面積大。以下用圖 10-1 說明，大家就會了解。

一個長、寬、高都是 4cm 的正方體塊材，共有六個面，每個面的面積都是 4cm×4cm=16cm^2，總面

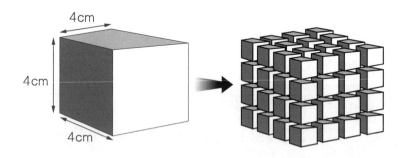

▲圖 10-1 當塊材切割得愈小時，表面積總和就愈大。表面積愈大，與其他物質接觸的面積就愈大，化學反應的速率就愈快。

積是 16×6=96cm²。當我們把每一邊都切成四分之一，共可切成 4×4×4=64 小塊，每一小塊仍有六個面，每個面的面積都是 1cm×1cm=1cm²，總面積是 1×6×64=384cm²。注意到了嗎？把正方形的每一邊都切成四分之一，總面積反而變成原來的四倍（384/96=4）。如果把它切成奈米級的大小呢？假設把每邊長都是 4cm 的正方體塊材切成每邊長都是 40nm 的奈米級材料，那就是把每一邊都切成一百萬分之一，最後總面積會變成原來的一百萬倍。而接觸面積愈大，化學反應的速率就愈快，就像打籃球時，籃框愈大，投進的機率就愈高，所以奈米材料的性質與塊材非常不同，許多本來不會發生的反應，因為變成奈米級之後，就可能發生了。

 ## 奈米金

以金而言，塊材的金是金黃色，性質很安定，幾乎不參與任何反應。俗話說：「真金不怕火」，就是在描述金的活性小，即使扔進火堆裡也不反應。對化

學家而言，塊材的金沒什麼太大的用途，但是製成奈米尺度後，金的性質就大大不同了。首先，它的顏色不再是金黃色。當我們把奈米粒子配成溶液時，這種大小的溶質會形成膠態溶液。金的粒子直徑小於 100 奈米時，膠態溶液顏色呈紅色；隨著顆粒變大，膠態溶液顏色呈藍色或紫色。塊材金幾乎不參與化學反應，但是奈米金有許多用途，除了前述可使劣酒變醇酒外，由於奈米金具有安定無毒、易製造、與硫醇鍵結及特殊的光物理性，在醫藥上也有許多用途，例如載送抗癌藥物（如：紫杉醇）、載送基因、瞄準癌細胞及協助光熱治療等。

 ## 奈米光觸媒

台灣人最早見識到奈米材料的用途是在 2003 年 SARS 流行期間，總統府找人在府中噴灑了奈米光觸媒。事實上，奈米和光觸媒要分開來講，因為光觸媒本身不一定非要找奈米材料不可。在化學上，只要能加速光反應的催化劑就是光觸媒。凡是涉及光或需要

有光才會發生的反應，都叫光反應。而觸媒就是催化劑，譯名不同罷了

　　上述事件中，總統府所用的光觸媒是奈米級的二氧化鈦（TiO_2）。二氧化鈦本身是一種白色固體，沒有毒性，可以作為白色顏料，你使用的白色牙膏中可能就含有二氧化鈦。當紫外光（UV）照射在二氧化鈦上時，二氧化鈦上出現電子和電洞分離的現象。電洞是假想失去電子後帶正電的洞，電洞與水分子結合後，出現質子（H^+）和氫氧基（$\cdot OH$）；電子則和氧氣分子作用而產生超氧基（$\cdot O_2^-$）。氫氧基和超氧基

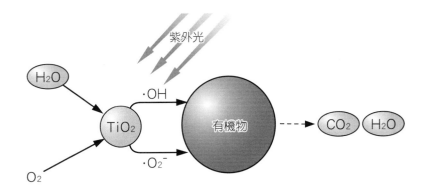

▲圖 10-2 當紫外光照射在二氧化鈦上時，會出現氫氧基和超氧基，這二者都是自由基，會攻擊細菌、病毒或有毒的有機物，而達到殺菌消毒效果。

都是自由基，會攻擊細菌、病毒或有毒的有機物，因而達到殺菌消毒的效果，如圖 10-2。

了解上述原理後，你覺得在室內使用光觸媒是聰明之舉嗎？室內沒有充足的紫外線，光觸媒根本無法發揮功效。何況根據美國加州大學洛杉磯分校的研究，奈米級的二氧化鈦可能引發癌症、心臟病、神經病變及老化，因此奈米光觸媒並不是任何狀況下都可以使用的。

 ## 奈米銀

除了奈米金、奈米光觸媒外，某些廠牌的洗衣機還強調加了奈米銀。其實因為銀離子有毒（重金屬的一種），自古以來就被用來殺菌及治療外傷。奈米銀是元素態銀，不過由於接觸面積大，有一部分銀會與氧作用而生成氧化物。經研究發現它會滲入細菌的細胞膜中，有殺菌及淨化水質的作用。美國食品與藥物管理局也批准了一種含奈米銀的藥物作為消炎藥。不過奈米銀會累積在肝臟，造成毒性，使用時要謹慎。

出淤泥而不染

奈米材料雖然在近代才受到人類重視，但是其實早就存在於大自然中。

北宋著名的理學家周敦頤寫過一篇〈愛蓮說〉，稱頌蓮花「出淤泥而不染」。其實這和蓮的品德無關，原因是蓮葉上有奈米級的絨毛，這種奈米結構有強力的排水性。下次經過蓮花池時不妨仔細觀察一下，蓮葉上是否有許多絨毛？如果剛下過雨，還可以看看水在葉面上是不是形成晶瑩剔透的圓珠？這種現象正

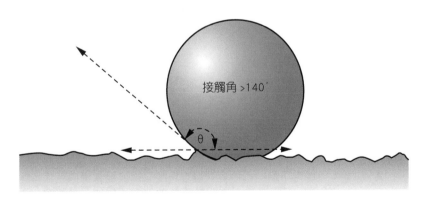

接觸角 >140°

θ

▲圖 10-3 水滴與蓮葉接觸角愈大，表示排水性愈強。而水在蓮葉上的接觸角高達 147°。

好顯示絨毛的排水性，受到排擠的水分子只好縮成一團，減少表面積。

如果水是滴在親水性的表面（如玻璃），那麼水會攤開成平面。一種材料究竟是親水還是排水，可以由水滴在表面所形成的接觸角來判定，如圖 10-3 中的 θ 即為接觸角。排水性愈強，接觸角愈大；而水在蓮葉上的接觸角竟高達 147°。

由於絨毛的強力排水性，落在蓮葉上的灰塵只要

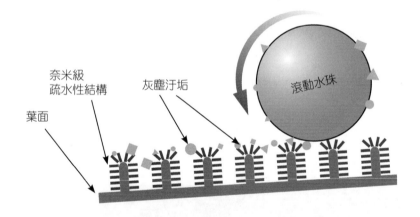

奈米級
疏水性結構

灰塵汙垢

葉面

滾動水珠

▲圖 10-4 透過電子顯微鏡，可以發現肉眼以為表面光滑的蓮葉葉面，其實是由一層粗糙不平的突起所構成，這層突起結構能使葉面上的水珠吸附髒汙並順勢滾動，成為詩人筆下出汙泥而不染的蓮花。

經過雨水沖刷，就會被水珠帶走，而不會形成軟泥黏在葉面，如圖 10-4，這就是科學上的**蓮葉效應**。科學家只要善用這種原理，就可以製造出不容易弄髒的器皿，現在市面上就有這種利用蓮葉效應自動清潔的馬桶座。

奈米材料有那麼多種神奇的用途，那是不是所有的物品都做成奈米級就好了？其實，即使真的是奈米級，也未必全然是好事。動物實驗顯示，因為奈米顆粒太小了，一旦被吸入體內，可能會累積在腦部及肺臟，或引起皮膚老化。總之，奈米材料的效果這麼強，一旦有了副作用，也會非常驚人。

科學LINE一下

在微小的世界裡仍有許多空間

奈米科技現在成為顯學，不過這場科學革命，當初卻是由一場演講啟發的。1959 年，費曼（Richard Feynman，1965 年諾貝爾獎得主）在加州理工學院對美國物理學會發表了〈在微小的世界裡仍有許多空間〉，費曼認為操控個別原子將成為合成化學的新形態。這場演講啟發了科學界，為十年後風起雲湧的奈米科技埋下了種子。

費曼在演講結束時，還提出兩項挑戰，並且針對每項挑戰，提供了 1,000 美元的獎金給第一位解決問題的人。

第一項挑戰是做出一部微型馬達，出乎費曼意料之外的，1960 年一名巧手工匠運用傳統工具就完成了。雖然符合費曼訂下的標準，但是並沒有運用新的科技。

第二項挑戰是要把字的大小縮小尺度，直到能把整部大英百科全書寫入針頭。亦即，要把原本書頁的尺寸縮小到 1/25,000。在 1985 年時，一位史丹福大學的研究生把《雙城記》縮小了 1/25,000，因而領到費曼的第二筆獎金。

其實費曼對奈米科技並沒有提出真正有用的指導，但是他指出了往小尺度發展的可能性，啟發了當時的科學家往奈米尺度的研究。

老師...
你一定要相信我...

我很努力的...
把作業...
寫在一張紙上...

嗯！

那張紙...
只有奈米那麼小...
我寫好以後...

嗯？

風一吹...
就不見了...

11 楊桃吃不得？

有個謎語的謎面是「狼來了」，猜一種水果。謎底是：楊桃（羊逃）。

楊桃這種水果真是個謎，小時候大人教我說，楊桃汁可以治咳嗽、喉嚨痛，所以每次咳嗽就要強迫我喝不加糖的楊桃汁，真是難喝，我把它當成是生病的懲罰。不過至少楊桃的形象是正面的，能治病嘛！不過等到內人腎衰竭之後，醫生卻警告她，絕對不能吃楊桃，因為楊桃有毒。這……形象落差也太大了吧！究竟楊桃是良藥還是毒藥呢？我們就來探討一番吧！

多酚抗氧化

楊桃原產於菲律賓、印尼、馬來西亞等地，全台各地均有栽種。以營養價值來看，楊桃含豐富的抗氧化劑及維生素C，而且糖分及鈉（每100克的楊桃中只含2毫克的鈉）的含量都不高。抗氧化劑能抑制其

他物質被氧化。在化學上氧化就是失去電子，抗氧化劑往往犧牲自己，本身被氧化，而保護其他物質免於被氧化，所以抗氧化劑往往就是還原劑。在身體裡，氧化反應往往會產生自由基（還記得嗎？在〈臭氧──地球的防護罩〉一文中曾提過電子不成對的原子團就是自由基，如 ·OH 及 ·O_2^- 等），這些自由基會攻擊細胞，造成細胞損傷或死亡。

　　楊桃裡含有多酚類的抗氧化基。我們知道醇的官能基是 -OH，但是如果 -OH 直接連接在苯環上，就稱為苯酚，簡稱為酚，如圖 11-1。

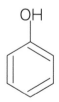

▲圖 11-1 酚的分子結構

　　如果一個分子中有兩個以上的酚基，就屬多酚，例如圖 11-2 顯示的是一種名叫表兒茶素（epicatechin）的化合物，你可以看到用方框標出來的四個酚基，另

有一個 -OH 沒有框起來，因為它不是接在苯環上，屬於醇，不屬於酚。由許多表兒茶素聚合而成更大的多酚，叫原花青素（proanthocyanidins），楊挑中就含有這種多酚。茶和蘋果中也都有大量多酚作為抗氧化劑，所以都是有益健康的食物。

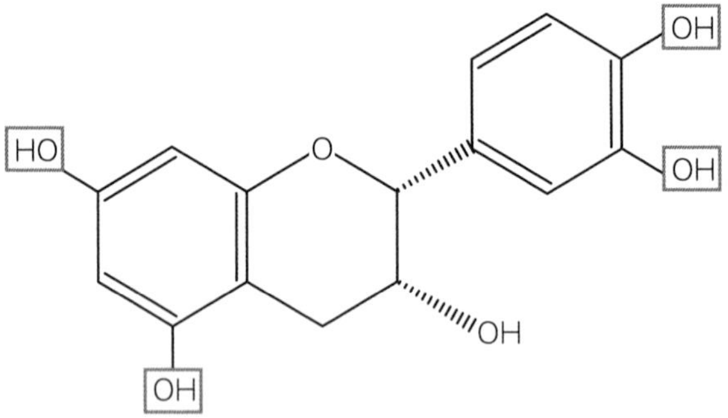

▲圖 11-2 表兒茶素的分子結構

實驗也顯示楊桃的萃取液（就是楊桃汁啦！）可以清除一氧化氮（化學符號 NO，一種自由基），而且可以對抗數種細菌。

楊桃擁有這麼多有益健康的成分，難怪台灣老一輩的人會認為它可以治療喉嚨痛，基本上大多數喉嚨痛的情況，只是咽頭發炎而已（只有極少數是因白喉

等嚴重疾病導致喉嚨痛），用鹽水嗽口都會自行痊癒，何況楊桃中有各種維生素和多酚，對恢復健康一定有幫助。巴西人甚至認為楊桃可以治療糖尿病、高血壓及腎臟病。（等一下你就知道，這麼說很諷刺！）

草酸有毒性

吃楊桃雖然有那麼多優點，但是對正在洗腎的病人而言，楊桃卻是碰不得的。這些病人在吃了楊桃之後，會出現打嗝、嘔吐、神志不清、肌肉無力、肢體麻痺、癱瘓，甚至死亡的情形。醫學上認定楊桃中有神經毒性，一旦發生這種危險情況，必須每天進行血液透析。

為什麼楊桃對有腎臟病的人傷害這麼大呢？第一個可能的原因是楊桃的鉀很高（每 100 克的楊桃中含 133 毫克的鉀）。因為腎臟的功能之一就是要排除多餘的鉀，而腎臟一旦失去功能，就沒有能力處理多餘的鉀，容易造成高血鉀。所以順便提醒一下，有腎臟病的人不能吃低鈉鹽喔！因為低鈉鹽是以鉀代替

鈉，有高血壓的人可以吃低鈉鹽，但有腎臟病的人不能吃。有腎臟病的人也不要吃生菜，因為生菜含許多鉀，蔬菜要用水煮過再吃，因為鉀易溶於水。當然更不要喝青菜煮成的湯，因為鉀都溶在裡面了。高血鉀症會出現噁心及心跳變慢甚至停止的現象。不過研究指出，吃楊桃而出現症狀的腎衰竭病人，經過驗血後並沒有高血鉀的現象，所以鉀應該不是罪魁禍首。

第二個原因可能是草酸造成的。草酸是一種有機酸，分子結構如圖 11-3。有機酸的官能基是 -COOH，它有兩個 -COOH，屬於二元酸，酸性比醋酸強得多。這種酸最早是由酢漿草中發現的，所以才取名「草酸」。而楊桃正好屬於酢漿草科（oxalidaceae），草

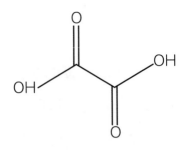

▲圖 11-3 草酸的分子結構

酸含量當然很豐富。

　　有一部分草酸在水中會失去氫離子（H^+）變成草酸根（$C_2O_4^{2-}$），草酸根很容易與金屬離子發生螯合。草酸根在螯合時，伸出兩個帶負電的氧原子與金屬離子鍵結，就像螃蟹伸出兩隻螯夾住獵物一樣。以草酸根與鐵的反應為例，三個草酸根各伸出兩個氧原子，像三隻螃蟹把鐵團團圍住，動彈不得，如圖 11-4。如果善用這項性質，就可以用草酸除去鐵鏽。

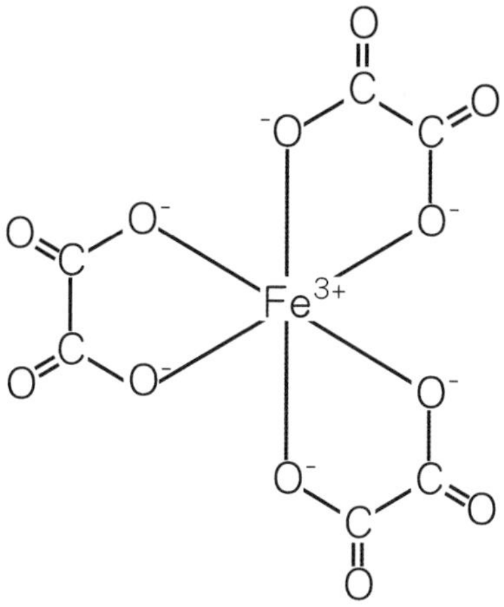

▲圖 11-4 草酸根與鐵的反應圖

　　此外，草酸根也很容易與許多金屬離子形成沉澱，例如草酸亞鐵對水的溶解度就不高，因此雖然菠菜裡含有豐富的鐵質，但吃菠菜卻無法補血，因為菠菜裡的草酸把鐵質作用掉了。

　　豆腐是常見的食材，由於豆類含有豐富的草酸，加上豆腐在製造時會添加石膏（主要成分為硫酸鈣），草酸根與鈣離子相遇就形成草酸鈣沉澱，這是就是腎結石的主要成分。無論是直接接觸或吞食，草酸都具有毒性。

　　高雄榮總曾經以老鼠為對象做過一個實驗，把楊桃汁中的草酸移除後，楊桃汁就沒有神經毒性了。至此，差不多可以確定楊桃的神經毒性是來自草酸。

　　總而言之，健康的人吃楊桃沒有問題，但有腎臟病的人見到楊桃，要逃得遠遠的！

科學LINE一下

楊桃汁抗發炎？

　　根據一項研究顯示，楊桃萃取液有殺菌的效果，尤其對金黃葡萄球菌的抗菌效果最好。實驗也顯示楊桃汁有抗發炎的效果，似乎為清涼退火的說法找到了根據。可惜實驗顯示，口服的楊桃汁幾乎無效，唯有腹膜注射才有明顯效果。

　　先讓我們來看楊桃汁的做法。如果你是賣楊桃汁的小販，會用什麼品種的楊桃作為原料？嗯，當然是找成本最低，口味也不差的品種。台灣的楊桃品種很多，如二林種、蜜絲種、歪尾種及酸味種等。其中酸味種因為草酸含量最高，其鮮果不適合食用，但也因為酸度高不易腐敗，加上價廉，所以早期的楊桃汁 都以酸味種為原料。後來因果農改種較甜的品種（二林種，蜜絲種），酸味種的價格反而逐漸升高。現在要做楊桃汁應該採用二林種，風味佳，價錢也不貴。

　　市售楊桃汁的做法是，在楊桃中添加 6～8% 的粗鹽，經三個月的發酵後，將發酵母液添加一倍的水，壓榨所得的汁液即為原汁。原汁再添加砂糖、焦糖、甘草、肉桂、

山楂、烏梅、磷酸及維生素 C 等，再稀釋 8 ～ 10 倍後，才可飲用。你看，濃度這麼低，只有水果原汁的 1/16 至 1/20。再加上前述的研究顯示，口服楊桃汁其實沒什麼抗發炎的效果，所以楊桃汁還是當果汁喝就好，真正發炎了，還是找醫生吧！

12 熱情變色秀

　　無敵鐵金剛塑膠玩偶胸章明明是藍色的，泡個熱水澡，很神奇的馬上就變成紅色。一只看起來普通的杯子，杯子外觀原來是深色的星空圖，加入熱水後，變成心花朵朵開，令人驚喜連連。泡麵時找不到適合的壓蓋物，不用擔心，泡麵小人可以解決這個困擾，而且身體的顏色還可以依溫度而變化，增添使用情趣。文具店販賣的「魔」擦筆在擦拭筆跡時，墨水顏色因為摩擦生熱而消失，但只要放到冰箱裡就會恢復筆跡喔！這些因溫度而變色的現象，統稱為「熱變色」。接下來將介紹日常生活中常見的熱變色物質，並解說變色的原理。

傳真紙為什麼會變成無字天書？

　　傳真紙是相當常見的辦公室用品，這種紙屬於感熱紙，顧名思義會因接觸到熱而發生變化。我們在更

換傳真紙時，一定要依照使用步驟來更換，不能放錯面，否則什麼都印不出來。為什麼感熱紙一面可以印出黑字，另一面就印不出來呢？

我們先來試驗看看，用吹風機吹一吹傳真紙，看看有什麼變化？你會發現一面會變黑，一面不會。由此可知，傳真紙只有一面會因感受到熱風而變色。

感熱紙會變色的原因是，紙的其中一面塗了色料，經由加熱產生化學反應而顯色。那一層色料是白色素（leuco dye）和顯色劑（developer），如圖 12-1。

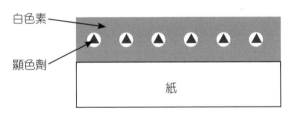

▲圖 12-1 感熱紙的組成結構

所謂「白色素」就是以兩種型式存在的化合物，其中一種型式是無色，另一種形式為有色（化學中所說的「有色」通常是指彩色，也就是黑色之外的其他

顏色）。結晶紫內酯（crystal violet lactone）就是白色素的一種，它本來是極淡的黃色（接近白色），但是在酸性環境中會變成紫色，如圖 12-2，其中箭頭上方的 H⁺ 代表酸，箭頭下方的 OH⁻ 代表鹼。

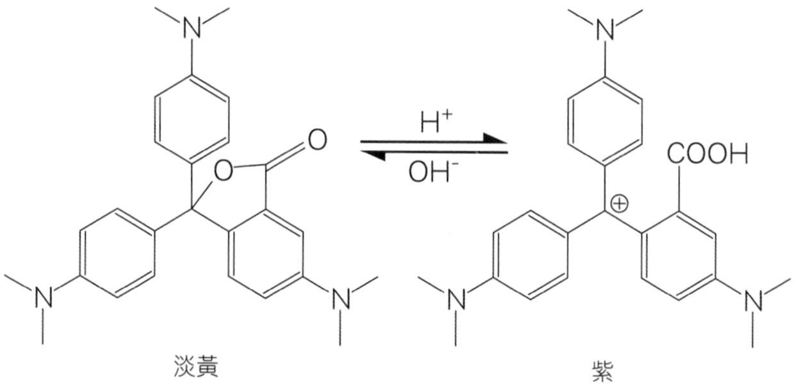

▲圖 12-2 結晶紫內酯在接觸酸性物質後，會由淡黃轉變為紫色。

　　而顯色劑被熱塑性樹脂製成的囊胞包住（如圖 12-1），與白色素隔開，加熱時，囊胞破裂，顯色劑溢出，就是我們看到的字跡了。顯色劑通常是酸性的有機化合物，而沒食子酸十二酯（dodecyl gallate，如圖 12-3）就是常用顯色劑之一。有機化合物中，若有 -OH 接在

苯環上就叫酚，酚有極弱的酸性，弱到酸鹼指示劑檢驗不出來的程度，唯有在化學反應中扮演酸的角色。

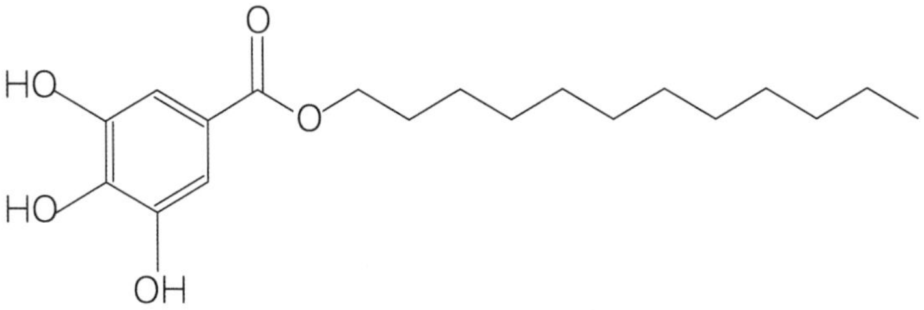

▲圖 12-3 沒食子酸十二酯

包圍顯色劑的囊胞本身是由熱塑性樹脂製成。所謂熱塑性就是遇熱會熔化，簡單的說，能回收的塑膠製品全都屬於熱塑性塑膠，如果遇熱不能熔化的熱固性塑膠是沒有人要回收的。以化學眼光來看，凡是長鏈狀的聚合物，遇熱時長鏈可移動，屬熱塑性，如圖12-4；凡是網狀的聚合物，遇熱時分子無法移動，屬熱固性，如圖 12-5。丙烯酸酯樹脂（acrylic resin，壓克力即屬此類樹脂）就是感熱紙使用的熱塑性樹脂，無論受熱或受壓或溶於酒精，丙烯酸酯樹脂製成的囊胞都會破裂，顯色劑一旦與白色素混合，白色素就會變色。

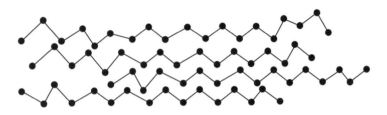

▲圖 12-4 長鏈狀聚合物，為熱塑性物質。

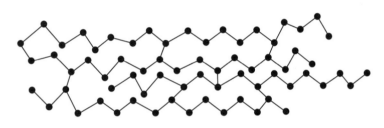

▲圖 12-5 網狀的聚合物，為熱固性物質。

　　此外有些消費者會發現以感熱紙製成的收據或發票，在放置一段時間後，上面的字跡會變模糊或消失。這是因為許多白色素在照射紫外線的情況下會氧化而改變性質，所以這類收據或發票最好保存在陰暗的地方。

電池還有電嗎？

台灣的回收電池中，有一半其實還殘存著電力，或許因為使用習慣的關係，一時不察而造成浪費。那麼，要怎麼知道電池還有沒有電呢？

有一種已經推出一段時日的生活創意，就可以提醒使用者電池還有沒有電，這個創意就是電池上的測電條。當使用者按下電池的兩個白點時，立刻就能察覺測電條的溫度會升高，測電條也會開始變黃，電力愈強，黃色的長度愈長，如圖 12-6。

▲圖 12-6 一般而言，測電條在會放在電池側面，電池包膜上有兩個小白點，同時按住兩個白點，就可以知道電池目前的電力。電池筒身測面上的白點是正極，筒身底部的白點是負極。

　　測電條的原理其實就是熱變色原理的應用。不過，為什麼測電條會變色呢？測電條本身分為三層結構，分別為變色帶、石墨電阻及塑膠膜，如圖 12-7。

變色帶

石墨電阻

塑膠膜

▲圖 12-7 測電條結構的橫切面圖

　　變色帶為一種液晶材料，這種液晶材料會隨溫度變化而改變排列方式，排列方式不同，反射的光波長也不同，所以可以隨溫度改變顏色或透明度。只要把變色帶放在熱水中，就可以看到它變成黃色，我自己測試的結果大約在 39℃以上就會變色。

　　但是單純只有液晶材質並不會產生熱能，所以在變色帶下方黏附著可以導電的石墨電阻，電流通過時，就能產生熱能而使測電條變色。測電條下方有一張絕緣的長條形紙片，如圖 12-8 (a)，紙片上有一小圓孔和狹長形孔，這個圓孔正好位於電池上正極位置

的白點。當同時壓下兩個白點時,小圓孔上方的白點會壓迫相對應位置的接點,恰巧與筒身(正極位置)接觸,而另一個白點則壓迫另一個接點與筒底(負極位置)接觸,構成電流通路。紙片主要是為了隔開石墨電阻與電池筒身,平時若沒有按壓白點,就不會有電流通過。

▲圖 12-8 (a)絕緣的紙片可以輕易從電池上剝除下來,形狀是長條形,上頭的小圓孔只有正極端才有。(b)測電條上的石墨電阻為一端粗一端細的設計,細的一端電阻較大,所以測電條會從這一端開始變色。

如果再觀察石墨電阻的形狀,如圖 12-8(b),會不禁讚嘆設計者的巧思。石墨電阻的形狀設計為一端粗一端細,我們可以想像成是由粗細不同的兩條電阻串聯在一起。粗的一端電阻小(就像寬的馬路不容易塞車一樣),細的一端電阻大(就像窄的馬路容易塞車

一樣）。電能轉換成熱能，稱為電流的熱效應。每秒轉換的能量稱為功率，可用 $P = I^2R$ 表示，其中 P 代表功率，I 代表電流，R 代表電阻。在串聯的電路中，電流是固定的，功率會與電阻成正比。所以細的那一端電阻較大，熱能比較高，液晶材質就會由細的那一端開始變成黃色。當電流大到足以使粗端也變成黃色，整段就會變成黃色的。由此可判斷，黃色的長度愈長，電力就愈充足。如果把電池的測電條拆下，把其中一端放到熱水中浸泡，不管浸入的那一端是粗或是細，都由泡熱水那一端開始變黃。

熱變色在生活小玩意兒上履見不鮮，這些熱變色物質不只為了好玩而已，也考慮到使用的安全性，例如杯子外觀塗上熱變色顏料，不僅為了樂趣，也可以讓消費者知道杯內的飲料是否滾燙，以減少燙傷的意外，在在顯示設計者的用心及巧思。

科學LINE一下

心情戒指

　　有沒有戴過一種會隨心情而變色的戒指呢？這種戒指的寶石裡含有熱變色液晶，所以才能改變顏色。

　　這種心情戒指是在 1975 年由兩位紐約發明家雷諾（Josh Reynolds）與安貝滋（Maris Ambats）設計的，他們把液晶和石英結合在一起，當作寶石，嵌入戒指中。

　　他們在石英中留下一些囊胞，再把液晶注入其中；或者把液晶放在石英下面。同時選擇變色範圍在體溫（37℃）左右的液晶。業者宣稱人的情緒會影響體溫，興奮時體溫高，沮喪時體溫低，所以戒指上的寶石會隨之變色。這種戒指在推出之後，曾經流行一時。

　　事實上，人的體溫在一天當中，本來就會有高低起伏，例如睡眠時體溫會降低。此外，女性在排卵期間，體溫也會比平時略高。所以心情戒指變色時，未必是因情緒波動而引起的。舉例來說，如果你戴著它去到合歡山賞雪，無論你玩得多開心，因為雪地氣溫低，它仍然呈現沮喪的顏色。相信自己的感覺，還是相信戒指？不妨把心情戒指當成有趣的小玩具，不必太當真。

13 泡溫泉就像待在輻射屋？

　　台灣的溫泉非常多樣，以溫度來分，有溫泉和冷泉；以陰離子分，有碳酸氫鹽泉、硫酸鹽泉及氯化物泉等。碳酸氫鹽泉的重要陰離子為 HCO_3^-，烏來、礁溪都屬此類溫泉；硫酸鹽泉的重要陰離子為 SO_4^{2-}，陽明山屬之；氯化物泉的重要陰離子為 Cl^-，關子嶺溫泉即屬此類。

　　溫泉，除了水溫高，也含有豐富的礦物質，除了可以浸泡之外，也可以發展周邊商品，例如用溫泉水種植的礁溪溫泉空心菜，生長快速，莖粗葉大。另外烏來的溫泉蛋，則是利用溫泉的熱，把蛋煮到蛋白凝固，而蛋黃恰好介於固液態之間，之後再用滷汁浸泡，風味非常獨特。

　　除了溫泉之外，台灣有世界唯二的蘇澳冷泉，溫度通常低於 22℃ 以下，即使是盛夏去泡，剛湧出來的

泉水也會冷得令人頭皮發麻。推測其低溫的原因，可能是其泉水湧出時伴隨許多二氧化碳氣泡冒出，二氧化碳在上升膨脹過程中會吸收熱量，讓泉水保持低溫。蘇澳冷泉含大量二氧化碳，所以當地早年以出產汽水聞名。

　　一般而言，溫度高於 30℃，加上固體溶質多，或有特殊成分的才能稱為溫泉。因為溫泉的溫度高，可以溶解很多物質，其中包含鈣、鋰及鐳等礦物質，所以許多溫泉均號稱具有療效。例如高溫的泉水可以促進血液循環；泉水中各種礦物質也對皮膚病有效，例如硫酸鹽泉有助皮膚抗發炎、去角質及止癢。泉水中的鎂對牛皮癬有療效。國外某些泉水甚至可以飲用，因為其中含有特殊化學成分，對人體有益。

北投溫泉含放射性元素

　　不過，泉水的熱量來自地熱，而地熱主要來自放射性衰變。鈾及釷等元素在地底衰變後，除了產生其他元素外，同時放出能量，使地底一直保持高溫。因此，溫泉往往帶有放射性物質。

　　北投地熱谷冒出的泉水中，硫酸鹽及氯化物含量很高，加上從地下深處溶解帶上來的微量稀土族元素和放射性元素，結晶逐漸沉澱在礫石表面及間隙，形成北投石，其主要成分為硫酸鋇（75％）與硫酸鉛（25％）及少量的矽、鋁、鐵、鹼土類元素，此外還有一些極微量的鑭系稀土族元素群和放射性元素群。

　　稀土元素包括十五種鑭系元素加上鈧和釔，是國防、能源及通訊等產業的重要原料。可惜北投石中稀土族元素和放射性元素含量太少，無經濟價值，但據稱有健康療效，這一點頗具爭議。

　　2003 年清大物理系的研究人員分別在北投溪源頭（地熱谷）及中下游取水，進行放射性核種鐳 -224 之 γ 射線量測，得知地熱谷源頭鐳 -224 的放射活度約 3.5 Bq/L，中下游鐳 -224 的放射活度約 1.1 Bq/L（Bq 是放射活度的單位，為紀念第一個發現鈾有天然放射性的科學家貝克勒（Becquerel）而命名，1 Bq 相當於每秒有一次核衰變），推測中下游的北投溪已被民生用水或雨水稀釋。可見不僅北投石有放射性，連北投

溪水也有放射性。假設你住的房子會釋放大量放射線
（俗稱輻射屋），你會有什麼反應？大多數人都會又
驚又怒；但是北投石及北投溪水的放射性反倒被民眾
認為是好的，實在有趣！不過以清大物理系的偵測結
果來看，北投溪的放射性不高，確實不至於影響健康。

來自宇宙射線

來自食物

來自地表輻射

來自空氣

▲圖 13-1 天然背景輻射來自外太空的宇宙射線、地球表面的地表輻
　　　　射、氡氣和食物。台灣每人每年接受天然背景輻射劑量是
　　　　1.6 毫西弗，略低於全球平均值 2.4 毫西弗，對人體的健康
　　　　不會造成影響。

 低劑量輻射抗氧化？

　　有鐳就會有氡。氡是由鈾及鐳經一系列衰變後的
產物，本身是無色、無臭、無味的惰性氣體。氡共有

18 種同位素，大多壽命很短，這表示它會很快就衰變成其他元素，同時釋出放射線。以氡 -222 為例，半生期為 3.8 天，換句話說，一克的氡在 3.8 天後只剩 0.5 克，衰變的過程會放出 α 粒子。

由於氡氣有放射性，引發肺癌的機率高，美國環保署估計每年約有一萬四千至四萬人死於與氡有關的癌症。礦坑、地下室或溫泉區，都應定期檢測氡氣濃度，因為礦坑及地下室的土壤中若含有鈾，就會慢慢釋出氡氣，加上氡氣的密度遠較空氣大（0℃時，氡氣與空氣的密度分別為 9.72g/L 及 1.29g/L），氡氣在空氣中會向下沉而不易向上擴散。綜合以上所述，溫泉水由地下流出時，可能帶有氡氣，所以醫學專家建議，洗溫泉時絕對不能緊閉門窗，因為溫泉除了可能含有硫化氫氣體之外，也可能帶有氡氣。

雖然各國官方都將氡氣列為有毒的氣體，會使人致癌，但許多病患都對泡溫泉的療效言之鑿鑿，雙方始終各說各話。

在 2001 年，日本岡山大學醫學院發表了一項研

究，對氡氣的療效提供可能的解釋。他們以兩組受測者進行實驗，比較溫泉的氡氣效應與熱效應，結果發現實驗進行到第六、七天時，呼吸氡氣那一組的超氧歧化酶（superoxide dismutase，一種氧化抑制劑）明顯升高，而脂肪過氧化物（lipid peroxide）和低密度膽固醇明顯降低，顯示氡氣治療可預防動脈硬化。此一結果同時顯示，氡氣治療與抗氧化有關，這或許可以解釋為何氡氣治療有如此廣泛的療效，因為氧化作用正是許多病痛的主要原因。2004 年同一研究團隊進一步確認，溫泉對高血壓、關節炎及糖尿病均有舒緩作用，且療效主要來自氡，而非來自熱。所以泡溫泉的效益不能用普通熱水或加了溫泉粉的熱水所取代，一定要來自地下的溫泉才會帶來氡氣。

氡氣治療的理論或許會漸漸被人了解，但專家的叮嚀也不能忽略，畢竟它是一種放射性元素，一旦濃度過高，可能引發肺癌及其他可怕的疾病。記得要在通風良好的地方浸泡，而且也要注意水溫不可過高，浸泡位置不要高過心臟。

科學LINE一下

放射性的發現

　　放射活度的單位 Bq，為紀念第一個發現放射性的科學家貝克勒而命名。然而貝克勒發現放射性的經過也是意外造成的。

　　1896 年 2 月，法國科學家貝克勒正在進行一項實驗。他把含鈾的晶體放在陽光下曝晒一陣子之後，再把晶體放在包了黑紙的照相底片上。正如他所預期的，晶體的影像會顯現在底片上，表示鈾發出了一種肉眼看不到的射線，穿越黑紙，造成底片感光。對於這個現象，當時貝克勒所提出的解釋是，鈾吸收了太陽的能量，然後以 x 射線的形式放出。

　　因為接下來那幾天，雲層很厚，太陽不露臉，所以後續實驗也隨之延期。貝克勒便把鈾和包了黑紙的照相底片一起放進抽屜裡。等天氣再度放晴時，貝克勒打開抽屜，想繼續未完成的實驗，卻發現含鈾的晶體在底片上留下更加清晰的影像。

　　這可麼可能？抽屜裡沒有東西可以提供能量給鈾啊！唯一的解釋就是含鈾的晶體自己發出了射線，引發底片的

化學反應。貝克勒就這樣發現了放射性！

　　居禮夫婦對貝克勒的發現很感興趣，他們想出了「放射性」這個名詞，至今仍為科學界採用。居禮夫婦在比較純鈾與瀝青鈾礦（一種含鈾的礦物）時，發現瀝青鈾礦的放射性比純鈾還強。他們推論出瀝青鈾礦中含有其他放射性元素，經由他們的研究，發現了另外兩種放射性元素，被他們命名為釙（符號為 Po，為了紀念居禮夫人的祖國波蘭而命名）及鐳（符號為 Ra，射線的意思）。

　　貝克勒與居禮夫婦因為研究放射性元素的傑出貢獻，而共同獲得 1903 年的諾貝爾物理獎。

14 蘋果偷偷變老了？

相信大家都知道，切開的蘋果如果不趕快吃掉，很快就會變成褐色的。小時候老師告訴我說，那是因為蘋果中含有豐富的鐵質，在空氣中放久了，會氧化生鏽。

其實這是錯誤的觀念。蘋果果肉會轉為褐色，與鐵質無關，這種現象在食品科學領域中稱為褐變（browning）。

酵素性褐變　　　　　　　　　非酵素性褐變

▲圖 14-1 蘋果屬於酵素性褐變，吐司經烘烤變色屬於非酵素性褐變。

　　褐變的原因分為酵素性褐變（enzymatic browning）與非酵素性褐變（non-enzymatic browning），如圖14-1。蘋果的褐變就屬前者，也是本文主要討論的對象；後者往往必須在高溫下進行，如土司烘烤後變色。但無論那一種褐變，都與鐵質無關。

 酵素性褐變

　　「酵素性褐變」常見於植物性食材，如梨、香蕉、蘋果、馬鈴薯、香蕉、桃子或絲瓜等。蘋果褐變是酵素作用的結果，引發褐變的酵素總稱為「多酚氧化酵素（polyphenol oxidase）」，生物體的催化劑就叫酵素。多酚氧化酵素作用的對象是果實中的酚或多酚，最後變成黑色素。

　　多酚氧化酵素（簡稱 PPO）不是一種特定的酵素，而是一類酵素，這類酵素普遍存在於各種生物之間，如細菌、香菇、菸草、草蝦、人類等，來源不同，其分子量也不同，例如由香菇提煉出來的多酚氧化酵素分子量為 128,000；由菸草提煉出來的多酚氧化酵素

分子量為 42,000～42,500。分子量大小只是表示分子的質量大小，與其催化能力並不相干，各種生物體內的 PPO 分子量都不一樣，表示這種酵素在不同生物中，以不同大小的分子出現。根據研究，植物中的多酚氧化酵素存在於葉綠體中。

當蘋果整顆完好的時候，多酚氧化酵素和多酚類被細胞的結構隔開，所以不會產生反應；當果實被切開後，細胞結構損壞，多酚氧化酵素和多酚類有接觸的機會，多酚氧化酵素會將多酚類成分氧化，變成醌類。醌類大多為棕色，再進一步聚合則變為黑色素，所以我們就看見蘋果果肉變成褐色了。

除了蘋果之外，許多食物都會發生同樣的褐變，變成褐色之後，會覺得挺討厭的；但是大家有沒有想過，蘋果果肉是白色的，蘋果汁怎麼會是褐色的呢？其實蘋果汁的顏色是蘋果褐變的結果，卻滿受消費者歡迎的。

蘋果也要青春

　　既然大家都不喜歡褐色的蘋果，防止褐變就是個重要的課題。蘋果褐變的速率受到幾個因素影響：多酚氧化酵素的活性及含量、多酚的含量、接觸氧氣的濃度。將蘋果切片與空氣隔絕，如浸泡於自來水、糖水、鹽水或用保鮮膜包起來等，是延緩褐變的可行方法，如圖 14-2。另外，添加酵素抑制劑之類的化合物（包括亞硫酸鹽、檸檬酸、蘋果酸、維他命 C 等），可以有效抑制褐變速度。這麼做，只是為了使蘋果美觀，賣相較好而已，與其營養價值並沒有多大關係。

▲圖 14-2 削皮的蘋果、梨子、馬鈴薯，浸泡在含有少量鹽的冷水裡，可防止褐變。

能夠抑制多酚氧化酵素活性的物質很多，在此舉兩個有趣的例子。一種是銅（Ⅱ）離子，蘋果浸泡在藍色的硫酸銅水溶液中，可以延緩褐變，但這種藍色的毒蘋果，恐怕連天真單純的白雪公主也不會上當。

另一個有趣的抑制劑是酚酮（tropolone，2- 羥基 -2,4,6- 環庚三烯 -1- 酮），酚酮存在於植物中，是一種天然的抑制劑，構造如圖 14-3。

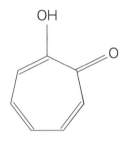

▲圖 14-3 酚酮的分子結構

你瞧！這個構造與鄰二酚非常相似，所以酵素被騙了。酚酮與多酚類競爭反應的結果，減緩了植物褐變的速率。

美國農業部在 1998 年研發出一種配方，是一種混合了 4- 己間苯二酚（4-hexylresorcinol）、

異抗壞血酸（isoascorbic acid）、N-乙醯半胱胺酸（N-acetylcysteine）和丙酸鈣（calcium propionate）的混合液，切片的蘋果只要在這種溶液中浸泡一下，就可以在正常氣壓下，溫度5℃時，保存超過五周以上不發生褐變，品質不會變差，而且可以吃。

若對此一配方稍加分析，4-己間苯二酚本身也是多酚的一種，可與蘋果中的多酚競搶多酚氧化酵素，同時可作為防腐劑；異抗壞血酸在食品工業、釀酒業被當作抗氧化劑，在沖洗底片時作為還原劑；N-乙醯半胱胺酸是胺基酸的衍生物，也是抗氧化劑的前驅物；丙酸鈣常被添加於麵包，防止黴菌生長。此一成分因結合了酵素抑制劑、抗氧化劑、還原劑及抗菌劑，所以有較好的效果。

白化症是因為褐變不成？

本文前面提到，人類也有多酚氧化酵素，那人類會不會褐變呢？答案是「會的」。晒太陽皮膚變黑，就是因為多酚氧化酵素讓多酚氧化，而生成黑色素。

有一種人先天上體內就缺乏多酚氧化酵素，無法生成黑色素，叫作「白化症」，俗稱「白子」。所以人類如果不會褐變，表示有先天性疾病，但是亞洲女性又不喜歡褐變太多，所以會注意美白。

動物中也有許多白子（如白兔及白鼠等），這些動物由於缺乏黑色素，眼睛常呈現微血管的紅色。不過野外很少見到白化症動物，因為若是缺少保護色，很難生存。但不要誤以為北極熊是白子嘞！北極熊的皮膚是黑色的，黑色皮膚有助於吸收陽光轉為熱能，在雪地裡能夠產生保暖作用，至於白色的毛則是保護色。

科學LINE一下

美白的迷思

人體有一種細胞會產生黑色素，稱為黑素細胞。有趣的是，無論你是白人、黃種人或黑人，其實黑素細胞的總數都差不多，只是活性不同而已。黑人的黑素細胞活性大，容易製造黑色素，所以皮膚黑；白人的黑素細胞活性小，不容易製造黑色素，所以皮膚白；黃種人介於二者之間。

照射陽光，會促使黑素細胞製造黑色素，目的是保護深層皮膚，以免紫外線傷害 DNA。在這個皮膚變黑的過程中，多酚氧化酵素把一種名為酪胺酸的胺基酸氧化成醌，接著再聚合成黑色素，所以多酚氧化酵素又稱為酪胺酸酶。

因為紫外線中的 UV-A 會改變黑色素的分布情形，UV-B 會增加黑色素總數目，兩者都會使皮膚變黑。如果想要美白的話，最有效的方法就是防晒。在日正當中時少出門，若必須接受長時間日晒，就事先擦防晒乳，或使用能遮蔽紫外線的陽傘。

古老的美白偏方有檸檬汁或蘆薈等，不過這些偏方在科學上都找不到有力的證據。

而且美白這件事，似乎只有東方女性特別在意。對白

種人而言，把皮膚晒成古銅色才是最美的，因為這代表你有錢能到海邊渡假晒太陽。因此在歐美等國家的公園裡，經常可看到許多白人女性只穿比基尼就躺在草地上晒太陽，甚至有人花錢用人造紫外線把自己晒成古銅色。

可見白皙的皮膚不是美麗的唯一標準。不要忘了，皮膚變黑本來就是人體避免 DNA 受陽光傷害的一種保護機制，何苦自己解除武裝呢？

15 白蛇精現形只因吃了老鼠藥？

　　媒體曾經有一則報導，一位 88 歲的老人家長期服用「五寶粉」，即使兒子將五寶粉送美國藥廠，檢驗出砷、磷等 14 種重金屬，仍繼續服用，導致腎衰竭昏迷。

　　這則新聞犯了明顯但不重要的錯誤，磷不是金屬，當然更不是重金屬。當初翻譯這些元素中文名稱的化學家真了不起，他們用了幾種部首就把元素的分類處理得好極了。在常溫常壓時，呈固態的金屬元素，它們的部首一律用「金」；呈固態的非金屬元素，則一律用「石」；呈氣態的非金屬元素，就一律用「气」。液態的金屬只有一種，是汞（俗稱水銀）；液態的非金屬只有一種，是溴；它們的部首都是「水」。有了這麼清楚的命名系統，我們可以看出磷屬於非金屬。砷比較特殊，它屬於類金屬，也就是說它的性質介於金屬與非金屬之間，連科學家都覺得很難界定。以毒

性來說，把砷列在重金屬，算是合理。

　　這則新聞倒是指出一件事實，很多「傳統」的中藥含有重金屬。雖然從民國八十年起，衛生署就禁用硃砂及鉛丹等作為藥材，但禁不勝禁，因為傳統中藥就是使用這些有毒物質（不一定是重金屬）作為藥材。

 ## 古法製造最精純？

　　我們姑且從新聞中所說五寶粉說起，五寶粉又稱五寶散，顧名思義，就是由數種藥材調製而成的散劑，但其成分並無一定標準，例如清《外科證治全生集》所列五寶散為：人指甲、紅棗、人髮、象皮、麝香、冰片。雖然以人指甲及人髮入藥有點噁心，但用的全是動植物，不會有太多重金屬。然而在《醫宗金鑑》中五寶散的配方為：石鐘乳、朱砂、珍珠、冰片、琥珀。其中朱砂又稱硃砂，是一種有毒的礦物，主要成分為硫化汞（HgS）。汞是一種有毒的重金屬，硫化汞固然是一種難溶於水的固體，但在酸中溶解度會變大，所以一進到人的胃中就會溶出，而造成危害。

▲圖 15-1「長生不老，得道成仙」是道教修煉目的之一，歷代帝王也為之瘋狂。中國古代中醫典籍對於煉丹多所著墨，但以現代眼光來看，煉丹術士取了許多金屬及礦物入藥，其後果令人咋舌。

　　我們不妨先從古典的中醫藥典中來檢視這些有毒物質的藥效。因為中國古代的人追求長生不老，因而有了煉丹術，這些煉丹術士取了許多金屬及礦物入藥，並吹噓其功效，以今日科學眼光看來，實在令人不寒而慄。例如在漢代的藥物學經典《神農本草經》記載，水銀的藥效為「主疥瘻痂瘍白禿，殺皮膚中蝨，墮胎，除熱，殺金銀銅錫毒，久服神仙不死。」

　　今天大家都知道水銀有毒，不但不可能去除金銀銅錫等金屬的毒性，其實還是重金屬中毒性最強的一

種，久服後真的會升天成為神仙。古人科學知識不足，錯誤百出，為何要堅信而不做改變？每次看到「遵古法製」的宣傳字眼，總令我提高警覺。

藥也是毒

再看硃砂，在中國使用硃砂作為藥材，已有數千年歷史，硃砂最早記載於《神農本草經》，名丹砂，列為上品，有**「養精神，安魂魄，益氣明目」**功效。至《名醫別錄》始稱朱砂，有「通血脈，**止煩滿**，消渴，除中惡腹痛，毒氣疥瘻諸瘡」之功，指明有解毒之功，唐代《藥性論》認為有**「鎮心」**之效。

在上一段內容中，粗體文字都顯示硃砂有心神安定的功效，所以小孩若夜啼不止，心神不寧，老一輩的人就會去買含有硃砂的「八寶散」來抹在小孩的牙齦上，讓小孩心神安寧，容易入睡，卻不知孩子會因此而慢性中毒。

硃砂有使心神安定的功效，在現代醫學研究中，倒是可以找到一點根據。在老鼠的實驗中發現，吸食

甲基安非他命的老鼠會有躁動的行為，服用硫化汞後，老鼠的躁動會有舒緩現象。所以安神之說，是有根據的。但是其毒性卻不可忽視，依聯合國衛生組織（WHO）建議的每日攝取允許量為每公斤體重 $0.3 \sim 1.6$ 毫克，對體重那麼小的嬰兒來說，當然一抹就過量。

更惡劣的是，有些黑心的中藥商為了節省成本，就拿價格便宜的鉛丹（Pb_3O_4）冒充硃砂，混入八寶散裡賣。因為這兩種藥品都是紅色，外觀不容易區別。鉛丹又稱紅丹，最常見的用途就是當作油漆中的色素，有防鏽的效果。鉛丹同樣難溶於水，但易溶於胃酸中，一旦嬰兒服用添加了鉛丹的八寶散，立即會有鉛中毒現象，有胸痛、腹痛症狀，甚至可能死亡。台灣地區嬰兒鉛中毒症狀大多來自服用不法的中藥。

除了已被禁用的硃砂、鉛丹外，雄黃也是常用的有毒中藥材，如「牛黃解毒片」中即含有雄黃，號稱能清熱解毒，其實本身即含劇毒，真是諷刺。

雄黃的成分是硫化砷（$\alpha\text{-}As_4S_4$），為橘紅的固體，西方人很早就知道它有毒，中世紀（5～15世紀）

的西班牙人就用它來當老鼠藥。本來皮革業還用作除毛劑，但因有毒性並且會致癌，現在已少人使用。而在中國，因有了《白蛇傳》的加持，一般人都知道雄黃可以避邪，到現在仍有人會在端午節飲雄黃酒。所以白素貞在喝下雄黃酒之後現出原形，有沒有可能是中毒造成的？

▲圖 15-2《白蛇傳》中的白素貞所喝的雄黃酒，西方人拿來當作老鼠藥，其所含成分就是具毒性的硫化砷。

難道中藥只要不添加硃砂、雄黃等有毒礦物就沒事了嗎？不見得！有些植物中本身就含有毒物質，在這裡

舉一個實例就好。有一帖方劑名叫龍膽瀉肝湯，其配方來自《醫宗金鑑》，含龍膽草（6克）、黃芩（9克）、山梔子（9克）、澤瀉（12克）、木通（9克）、車前子（9克）、當歸（8克）、生地黃（20克）、柴胡（10克）、生甘草（6克）。其中的木通，是馬兜鈴的藤莖，含有腎毒性，會導致腎小管細胞凋亡、腎間質纖維化。

事實上像木通在中藥中被廣泛用來治療關節炎、風溼病、肝炎及減肥。其中在減肥方面，已有研究證實，確實可以減少老鼠的脂肪堆積。但是這類含馬兜鈴酸的植物，不是只有對腎臟造成病變而已，還具有遺傳毒性，也就是說，馬兜鈴酸會破壞細胞內的遺傳訊息而可能致癌。台灣已在 2003 年 11 月禁止進口木通，但是我在寫作本文時（2013 年 6 月）仍可在合法藥廠網頁上看到販售龍膽瀉肝湯的訊息，裡面的成分仍然含有木通啊！

要強調的一點是，我並無意批評中藥。中藥中有許多很有效的藥劑已經用科學方法證實了，例如人參在中藥中有補元氣的功效，而現在的研究還發現服用

人蔘的人，罹患各種癌症的機率都比較低，而且也找出其中的活性成分是人蔘皂苷（ginsenoside）。

其實所有的藥幾乎都有毒，藥和毒是一體兩面，治病的同時就會有副作用，即使是人蔘，若服用過量也會有噁心、嘔吐或高血壓等副作用。以中藥常見的甘草為例，它的甜味來自甘草酸苷（glycyrrhizin），它的甜度是蔗糖的 50 倍。美國食品與藥物管理局（FDA）認定甘草酸苷會造成血液中鉀離子濃度下降，而引發心律不整、高血壓及水腫等症狀。

現代藥劑要上市前都要經過多年的動物實驗和人體實驗，仔細列出各種副作用及警語。那為什麼古老的偏方不必列出其毒性及副作用，就放任其販售？若已明知有毒，還出現多件危害人體的病例，又為何坐視不管？已禁用的硃砂、鉛丹仍一再出現在市售散劑中，顯見政府稽查不嚴，實在令人不放心。

本文希望提醒讀者們，不論中藥西藥，在服用任何藥劑之前，都應該先了解其中所含成分及可能的副作用，才能保護自己的健康。

科學LINE一下

不朽的丹藥

如果你統一了天下，成為最有權勢最富有的人，你還剩下什麼願望？幾乎所有的帝王都希望「長生不老」。

秦始皇統一中國後，即「遣徐市發童男女數千人入海求仙人」，「使燕人盧生求羨門、高誓」。其中羨門為古時仙人，教人用蜜或酒拌合丹砂（就是硃砂）服食。所謂煉丹，最早的意義就是提煉丹砂。

看到這裡，大家應該已經知道，這是自尋死路。但是古人為什麼對這些有毒物質這麼著迷呢？《抱朴子》說：「金汞在九竅，則死人為之不朽，況服食乎？」意思是說金和汞放在死人的九竅（七竅加上排尿口及肛門合稱九竅），連屍體都不會腐爛了，何況是活人呢？也就是說，古人把屍體不腐爛和活人不死混為一談了。事實上，屍體不腐爛，正是因為硃砂的毒性造成細菌無法生存。正確的解讀應該是連細菌都活不了，人怎麼能活呢？

吃了長生不老藥，結果人死了，要怎麼解釋？這些追求成仙的人就強詞奪理的說，這叫「屍解仙」，以變成屍體的方式解脫成仙。而且他們至死都執迷不悟，死後仍然

要用汞讓屍體不朽。《史記》記載，秦始皇陵墓內「以水銀為百川江河大海，機相灌輸」，就是用液態的汞作為江河大海，還用機器讓汞流動，希望用這種方式保存屍體。近代考古學在秦始皇陵墓附近的泥土中確實測到超高的汞含量，證實《史記》所言不虛。

16 車輪倒轉卻又能前進？

　　如果大家看過西部片，當片中出現馬車往前急馳飛奔的畫面時，是否仔細注意過，車輪好像是往後倒轉的？這種現象在科學上稱為車輪效應（wagon-wheel effect）或閃頻效應（stroboscopic effect）。但是，在連續光源下（如陽光），一般就不會看到車輪效應了。

　　這種錯覺來自於不連續的光源或影像。電影中的影像其實並不連續，而是由一格一格的畫面串接起來，畫面之間，影像其實是中斷的。只是因為影像中斷的時間非常短暫，我們的眼睛因視覺殘留效果而將下一格畫面串連起來，無法察覺。

　　另外，在閃爍的燈光（如日光燈、霓虹燈及路燈）下看東西，也是同樣的情形，燈光忽明忽暗，我們只能在燈光明亮時看清楚，燈光熄滅時，就看不到了。

　　不過，無論電影或日光燈，由於影像中斷的時間

非常短暫，所以我們無法察覺。

電影通常以每秒 24 個畫面播放（每個地區略有不同）；電視則每秒至少掃描 50 個畫面；日光燈的頻率為交流電的兩倍。例如台灣地區的交流電是 60 Hz，也就是說插座的左右兩個孔，由左正右負，變到左負右正，再變回左正右負，這樣完成一個週期只要六十分之一秒，換句話說，一秒成可以完成 60 個週期。而接上這種交流電的日光燈，每秒會閃 120 次，快到幾乎沒感覺，但卻會造成車輪效應。

以西部片中馬車的車輪為例，電影通常以每秒 24 個畫面播放，假設電影中的車輪半徑是 30 公分，也就是 0.3 公尺，如果車輪順時針轉一圈，車子就會向右走 $2\pi \times 0.3$ 公尺，約等於 1.88 公尺。輪有六根輻，每根輻之間的夾角是 60°，如圖 16-1。

假如現在有位攝影師對著車輪拍攝電影，他的攝影機每 1/24 秒拍一張照片，剛好這段時間內，車輪恰巧順時針轉了 60°（即 1/6 圈），由於每根輻的外觀都一模一樣，我們的眼睛無法區別，這時候看起來輪

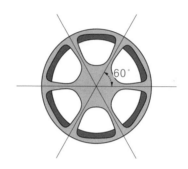

▲圖 16-1 車輪示意圖

輻是靜止不動的，如圖 16-2。圖中的星號是刻意標上去的，讓大家可以看出同一根輻每次都有順時針轉動 1/6 圈，但如果沒有標上星號，看起來就像靜止不動。

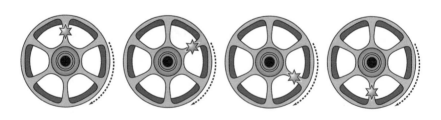

第一個畫面　　　第二個畫面　　　第三個畫面　　　第四個畫面

▲圖 16-2 輪有六根輻，每根輻之間的夾角是 60°，當攝影機每
　　1/24 秒拍一張照片，車輪恰巧順時針轉了 60°（即 1/6
　　圈），由於每根輻的外觀都一模一樣，肉眼無法區別，
　　輪輻看起來就會靜止不動。

我們來算算這種情況下車速是多少呢？

$$\frac{\frac{1}{6}圈 \times 1.88 \text{公尺} / \text{圈}}{\frac{1}{24}秒} = 7.52 \text{公尺} / 秒$$

由於 1 公尺是 1/1000 公里，而 1 秒是 1/3600 小時，所以當時車子的時速為：

$$\frac{7.52 \text{公尺} \times \frac{1}{1000} \text{公里} / \text{公尺}}{1 \text{秒} \times \frac{1}{3600} \text{時} / \text{秒}} = 27.1 \text{公里} / 時$$

既然每根輻都一模一樣，如果在 1/24 秒內輪子轉了 2/6（60°× 2）、3/6（60°×3）……1 圈（60°× 6），甚至 7/6 圈、8/6 圈……100/6 圈，我們還是無法察覺車輪在轉動啊！換句話說，輪子的轉速如果是 27.1 公里 / 時的兩倍（54.2 公里 / 時）、三倍（81.4 公里 / 時）……甚至是 100 倍（271 公里 / 時），我們看到的車輻都是靜止不轉的。當然我們憑常識就知道一般汽車不會飆到時速 271 公里，但這種現象不只適用於車輪，還適用於風扇及馬達的葉片等高速轉動

的機械。

　　另一種情況是在 1/24 秒內，車輪順時針方向轉了 50°（略小於 60°），**同樣要考慮每根輻都長得一模一樣**，我們的眼睛分辨不出來，在視覺錯覺下反而會覺得輪輻倒轉（逆時針）了 10°。即使輪子轉 110°（50°＋60°）、170°（50°＋60°×2）……甚至 6050°（50°＋60°×100），我們看起來，還是會覺得輪輻每 1/24 秒就倒轉 10°，這就是電影裡看到車輪逆轉的原因了。

　　同理可知，如果車輪在 1/24 秒內轉了 70°（略大於 60°），我們會看到輪輻順時針轉了 10°。不但如此，即使輪子轉 130°（70°＋60°）、190°（70°＋60°×2）……甚至 6070°（70°＋60°×100），我們看起來，還是覺得輪輻每 1/24 秒順時針轉了 10°。也許你會說，輪子真的是往前轉啊，有什麼稀奇？其實我們看到的輪輻轉速與真正的轉速差很多，像前述的例子，你看到輪輻每 1/24 秒才轉 10°，但其實已經轉了 70°或 130°……等較大的角度。

　　由於在真實的情況下，車子並不會等速度行駛，通常會加速或減速，所以我們就會看到電影中的輪輻，時而靜止，時而逆轉，時而正轉。

　　雖然在電視畫面上及在日光燈照射下看到的現象，可以用上述理論來解釋，但是有人發現，在陽光下（連續光）看車輪也有逆轉的現象。

　　心理學家針對這個問題研究了很多年，目前仍未有定論。

　　第一種解釋是，我們的眼睛和大腦合作處理看到的影像，也是使用斷斷續續的資訊。換句話說，就算在陽光下看東西移動，大腦還是把看到的影像切成一格一格的畫面處理。難怪我們看電影時會那麼投入，因為電影畫面正是大腦處理影像的方式啊！真是人生如戲，戲如人生。

　　但是研究發現，在連續光之下，要連續看好幾秒，才會看到車輪效應，上述理論無法解釋這種情形。所以另一種理論解釋，人的眼睛有一種感受器專門處理真實運動，另一種感受器需要一點適應時間，所以處

理後比真正的運動晚了一點時間，兩種感受器處理的影像重疊，就產生逆轉的錯覺。

現實生活中，無論是在日光燈或陽光下，都有可能看到逆轉的車輪現象。

科學LINE一下

拆穿西洋鏡

本文談了一部分電影的原理，其實在電影仍不流行的年代，也有近似電影的娛樂。

早期廟會時，有一種拉洋片的民間藝術攤位，使用的道具為裝有鏡頭的木箱，觀眾繳了錢之後，可以把眼睛貼在鏡頭上向內觀看。箱內有數張一連串的圖片，只要按一下開關，就會切換一張圖片，數張圖片可以組成一段故事。有時數張圖片為連續動作，若切換得比較快，因為視覺暫留的關係，看起來就像一段影片，這幾乎是早期最廉價的電影了。但現在因為看電影太方便，廟會中再也見不到拉洋片的攤位了。

拉洋片又叫「西洋景」或「西洋鏡」。原本靜止的圖片，因視覺暫留而讓人誤以為箱子裡面有會動的人和馬，所以成語中有「拆穿西洋鏡」的說法，比喻揭露故弄虛玄的騙人手法。

拉洋片最早出現在同治年間的北京，據說早期是用拉繩子的方式切換圖片，所以名稱中才有「拉」字，表演者還會隨圖片切換，而以說唱的方式解釋劇情。由名稱中的

「洋」及「西洋」等字可知是外國傳入的。這種表演藝術是十五世紀義大利作家、詩人兼建築師阿爾伯蒂（Leon Battista Alberti）發明的，在英文中稱為 peep show，意思就是偷窺的表演，觀眾透過木箱上的小孔往箱子裡看，那種動作就像偷窺一樣。

拉洋片雖已消失，但是每年的元宵節仍看得到跑馬燈。只要把數個連續動作的圖片畫在宮燈的各個面上，宮燈上方安裝葉輪，宮燈內點燃蠟燭，熱空氣上升，推動扇葉，宮燈就開始旋轉。由於視覺暫留的緣故，宮燈上不同面向的圖片串接了起來，成為連續動作。南宋《武林舊事》就形容它是「馬騎人物，旋轉如飛」。現在的跑馬燈已不用蠟燭，而改用電動馬達使燈旋轉。

利用視覺暫留的原理，電腦及電視螢幕也可以做出讓圖案及文字移動的效果，幾乎現在的電視新聞畫面都會出現這種會跑的文字，雖然既沒有馬，也不是燈，仍然叫「跑馬燈」。

17 冷熱空氣玩過頭

2013 年 6 月的某天中午，我正要出門上課，突然一陣暴風雨，雷電交加，聲勢浩大，十分嚇人。但為了上課，也只好硬著頭皮出門。在狂風暴雨之下，連走路都有點困難，拿傘也沒用，褲管全都淋溼了，走了兩步，急忙閃入騎樓。

突然聽到有人喊說：「是冰雹。」

低頭仔細一看，果然看到許多白色小顆粒掉落在地面後連番跳動。抬頭看側面的遮雨棚，只見許多白色圓球打在上面，不停跳動。哇！長那麼大，第一次看到冰雹，幸好顆粒不大，在地上彈跳幾下就消失不見。

天空下冰塊──冰雹

老天降水有許多種形式，在台灣最常見的是液態的雨；在寒帶地區冬季常見下雪，是固態降水的一種

形式。冰雹則是另一種固態降水的形式，常由不規則的冰球組成。另外還有一種霰，組成粒子更小，而且還是半透明的。

雹的主要成分是冰，直徑大約由 5 毫米到 15 公分都有。冰雹常伴隨暴風雨，在積雨雲中產生。積雨雲是一種鉛直方向堆積的雲，高度約在 2,000 ～ 16,000 公尺，有時形狀像蘑菇，常帶來雷雨。要產生冰雹，除了要有類似龍捲風的暴風雨外，還必須要有上升氣流及高度較低的凝固層。在中緯度地區，冰雹通常發生在內陸；在熱帶地區，通常發生在高山。因此，上述那場發生在台北市區的冰雹，十分少見。

冰雹是由積雨雲中的水滴發展而成。當水滴上升，溫度下降到凝固點以下，變成「超冷」的水。大部分的人都以為常壓時，水的溫度降到 0℃ 以下，就會結冰，其實不一定。如果你把純淨的水封在瓶子裡，放入冷凍庫裡，就算溫度下降到零下十幾度，也不一定會結冰，這時瓶子裡的水就是「超冷」的水。因為水分子必須要吸附在固體表面才容易凝固，如果你打

開超冷水的瓶蓋，放入任何表面粗糙的固體（如一根金屬棒）讓水分子吸附，則整瓶水會在瞬間結冰。

空中的水蒸氣也是這樣，有時即使空中的溫度已經冷到凝固點以下，但如果空氣太乾淨，「超冷」的水蒸氣仍然不會結冰。水蒸氣要凝固，也需要吸附在固體顆粒上，這些固體顆粒通常很微小，直徑可能不到 1 微米（1 微米就是百萬分之一公尺），這些微粒就叫凝結核（比如海鹽、硫酸、氮和其他化學物質的微粒，吸收水分的能力很強）。凝結核與雲滴、雨滴的直徑約為 1:100:10,000，如圖 17-1。在缺乏凝結核的情況下，即使溼度達到 400％也不會下雨。

如果溼度夠，但卻多日不下雨，就可以使用人造雨的技術。最常用的現代造雨方法，就是在飛機上灑下乾冰及碘化銀。其中乾冰是為了使雲層溫度下降，而碘化銀就是作為凝結核。因為碘化銀的晶體結構與冰晶相似，可以引發水滴結冰，進一步降雨。

積雨雲中超冷的水滴若遇到空氣中飄浮的顆粒（凝結核），就會吸附在上面並凝固。但是若把大顆

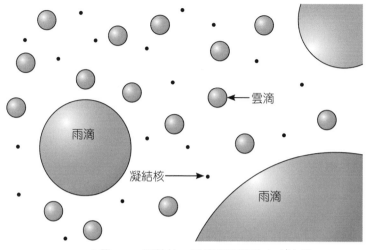

雲滴

雨滴

凝結核

雨滴

▲圖 17-1 凝結核、雲滴和雨滴的大小比例

的冰雹拿來剖開，又會發現它有類似於洋葱的層狀結構，一層較厚半透明，另一層較薄不透明，交互出現。從前的教科書說，這是由於冰雹在形成過程中曾多次浮浮沉沉，每次下降時沾染一些水氣，等上升時又冷凍成冰，所以才會形成洋葱狀結構。但是在 1970 ～ 1980 年之間，科學家以雷達及飛機研究冰雹形成的經過，發現上述反覆上升下降的方式形成冰雹的情形，反而很稀少。

　　暴風雨中的上升氣流每秒速度將近 180 公里／小

時，把正在成形的冰雹吹入雲裡。在冰雹上升的過程中，它所經過的每一層，溼度及超冷水滴的濃度各不相同，所以冰雹成長的速率也不同。當冰雹進入的那一層水滴濃度較大時，它的外表會捕獲水滴，形成半透明層；當冰雹進入的那一層以水蒸氣為主時，它的外表就多了一層不透明的白色冰。不但如此，冰雹本身的質量及位置也會影響它的上升速度，同時進一步影響它成長的時間。當超冷水滴凝固成冰，會放出熱量。每一克的水變成同溫度的冰，會放出 334 焦耳的熱；如果由 1 克水蒸氣直接變成同溫度的冰，更會放出 2.59 千焦的熱。這些熱會使冰雹表面無法結冰，就算結冰也會熔化，所以冰雹表面永遠都遠都是溼的。這樣它就容易在與別的冰雹相撞時，黏在一起，形成不規則的形狀。

冰雹一路上升，逐漸長大，直到上升氣流再也無法承擔它的質量為止。這段過程至少要花 30 分鐘，而此時它離地面的高度通常超過 10 公里。接下來，它開始墜落，但是仍然繼續成長，直到它經過的雲層

溫度超過熔點，於是它開始熔化。熔化的速率顯然相當快，所以我當天看到打在遮雨棚上的冰雹較大顆，落到地面的已經很小顆，而彈跳數下後，就不見蹤影。

以上的描述，只用一次上升與下降，就足以解釋為什麼冰雹會有洋蔥狀多層結構。而傳統多次上升與下降的理論也不是有錯，只是在研究的案例中非常少見。

高速旋轉的氣漩──龍捲風

剛寫完本文時，約莫過二十天，台南地區又出現龍捲風，在民眾拍到的影片中，只見一道漏斗形的氣旋直達天際，婦女驚叫奔逃。根據事後報導，有房屋被摧毀，幸好沒有人員傷亡。台灣偶爾出現的龍捲風，規模都不大，通常很快消失，像這次這樣有殺傷力的龍捲風，真的少見。

龍捲風是一種強力旋轉的氣流，通常呈漏斗狀，由地面向上延伸直達積雨雲，有時候也只到達積雲底部。積雲和積雨雲不同，高度比較低，通常在 2,000

公尺以下，形狀像一團一團的棉花。積雲出現時，通常是好天氣，但它有可能發展成積雨雲，到時候天氣就可能轉壞。

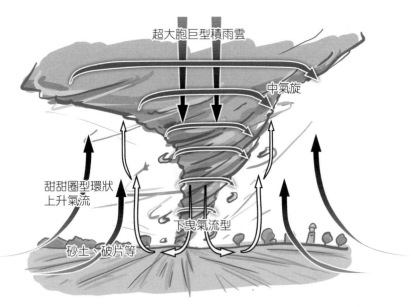

超大胞巨型積雨雲

中氣旋

甜甜圈型環狀
上升氣流

下曳氣流型

砂土、破片等

▲圖 17-2 龍捲風的結構中，下層是暖溼空氣，上層是乾冷空氣，這樣的大氣很不穩定。暖溼的空氣上升，乾冷的空氣下降，造成暖溼空氣翻騰向上，逐漸發展成「超大胞」，因此也常引發下冰雹的現象。

龍捲風之形成原因極其複雜，通常旋轉氣流的中心會出現極低的氣壓，有時甚至只有正常氣壓的一半。在美國中部大平原地區，常因北方引進極冷空氣

（冷氣團）與南方引進的極潮溼空氣（暖氣團）劇烈會合而生成氣旋，接著在氣旋附近產生綿續不斷的多個龍捲風。根據台灣大學王崇岳教授 1982 年的研究，台灣地區龍捲風之形成以颮線（squall line，冷鋒前的雷雨帶）、颱風及西南氣流引起者最多。根據統計，台灣的龍捲風最常發生在嘉南平原及高屏地區，最容易發生在七月。

由於氣候異常現象，台灣地區近幾年開始出現過去少見的氣象災難，幸好科學儀器日益精良，像氣象衛星及氣象雷達都可以立即察覺有暴風雨出現，提早警告冰雹的出現，也可以在可能出現龍捲風之前，就密切注意，減少災害發生。

科學LINE一下

諸葛何須借東風？

氣候詭譎多變，稍有不慎，即會釀成大禍。歷史上的興衰，也受氣候影響。例如蒙古人兩次攻打日本，均因暴風雨而失敗，日本人認為是「神風」保護日本國，後來二次大戰末期的「神風特攻隊」就是以此命名。

天氣變化影響戰局，最為人津津樂道的是孔明借東風的故事。

赤壁之戰時，曹操為了解決北方士兵不習顛簸而暈船的狀況，竟將船尾以鐵索連接起來。這是曹操犯下的戰術錯誤，正史《三國志》確實有此記載。

在小說《三國演義》中，描述了謀士程昱、荀攸曾提醒曹操，鐵索連船固然有好處，可是萬一東吳用火攻，便難躲避。曹操聽後大笑說：「你們哪裡知道，火攻要靠風力。現在正是冬天，只有西北風，東吳若要用火攻，被西北風一吹，豈不是自己燒自己？」

其實當時曹操率水陸兩軍駐紮在長江北岸烏林，東吳的兵力部署則有劉備率軍沿長江北岸西進，周瑜駐紮在南岸赤壁，關羽率水軍留守夏口。換句話說，東吳聯軍的兵

力分散，並不是集中於南岸，而且南岸的周瑜與曹軍隔著寬闊的江面，就算有火，損壞怎比得上曹軍？何況最後吳軍是利用黃蓋詐降，以數艘小船一起縱火。有誰縱火之前還要問風勢的嗎？火一旦引燃，熱空氣上升，旁邊的冷空氣自然就會流進來填補空隙。所以火災現場，必定有風。火推動風勢，風又助長火勢，一發不可收拾。

　　根據《三國志》記載：「時風盛猛，悉延燒岸上營落。頃之，煙炎張天，人馬燒溺死者甚眾，軍隊敗退……」可見當時風很大，把火星吹到岸上，連岸上的營寨也一併燒毀，無論吹的是北風或東風，燒的是誰的營寨，縱火的一方事先早已把人員物資撤退妥當，只要能把曹軍的連環船燒掉，東吳聯軍就大獲全勝。

　　所以赤壁之戰在曹操決定把戰船鎖在一起時，就已經注定失敗。孔明登壇作法借東風，只是寫小說的羅貫中為了鋪陳孔明半人半神的地位，而使用的寫作技巧罷了。

18 合法的毒品──香菸

　　戒菸容易嗎？近年來，政府持續推動菸害防治，嚴格立法規定室內工作及公共場所全面禁菸，讓癮君子苦不堪言。相信很多癮君子動過「乾脆戒菸」的念頭，以免被當成過街老鼠。但戒菸這麼容易嗎？

　　正因為戒菸的人常常一戒再戒，使用了各種戒菸方式還是戒不掉。於是有一種「電子香菸」崛起，號稱能協助癮君子戒菸，並在全世界戒菸風潮中大行其道，甚至在美國成了可以合法播放的香菸廣告，市場商機愈來愈龐大，但是廣告形象強調酷炫，引起美國社會輿論抨擊，認為當局應該盡早著手，把電子香菸跟相關廣告列入規範，避免對社會造成負面影響。

一根菸燒出 4 千種化合物

　　要了解電子香菸，必須先了解香菸。

　　香菸是把菸草捲在紙中製成的，菸草中最重要的

成分是尼古丁。尼古丁會影響我們的心智，而且會使我們上癮。它同時是興奮劑，卻又可以讓我們放鬆，它使我們食欲不佳，卻又提高新陳代謝的速率，所以抽菸的人常有體重減輕的現象。尼古丁也會使人血壓上升、心跳加快。

大家可別以為香菸中只有菸草而已，就像大部分食品有添加物一樣，廠商也在菸草中添加了不少物質。其中包括保溼劑，如甘油；以及調味料，如可可、甘草及各種糖。除此之外，每家廠商還會加入特有的香料。不同廠牌的菸會有不同的風味，幾乎都是靠添加特殊香料造成的。

香菸在製造過程中，菸草歷經反覆多次潮溼與乾燥的步驟，會損失原有風味，所以也要添加一些菸草萃取液，使其恢復應有的風味。

如果光是這些尼古丁及添加物，還不會那麼危險。問題在於菸草點火燃燒後，會出現大約 4,000 種化合物，其中致癌物質約有 70 種，其中包含焦油、砷及苯等，另外還有數百種有毒物質。

當吸菸者點燃香菸時，他們所吸入的固體顆粒統稱為焦油。焦油包含了許多種化合物，其中很多會致癌。當這些顆粒因冷卻而落下後，會形成黏稠的褐色物質，把吸菸者的牙齒、手指及肺都染黑了。如果你想親眼目睹焦油會怎麼染黑吸菸者的肺，只要進行實驗就可以看到。（詳見「實驗 DIY」）

有些香菸會注明是「低焦油」，但是消費者可別因此就誤以為這種香菸就對人體無害。事實上，香菸燃燒過程中產生的有毒物質多得很。像砷就是砒霜和雄黃裡的重要元素，它的毒性不必多說，大家都已了解。另外像苯，是一種可由石油中提煉出來的碳氫化合物，是一種常用的工業溶劑。研究已證實苯會引發癌症，尤其是白血病（俗稱血癌），難怪白血病患者約有 15% 是抽菸造成的。

香菸會對人體健康帶來很大的危害，除了抽菸常引發火災之外，通常也會引發與心臟、肝臟及肺臟有關的疾病，也是造成心臟病、中風、慢性阻塞性肺臟疾病（包括肺氣腫、慢性支氣管炎），以及癌症（特

實驗DIY 香菸如何染黑你的肺?

　　找個乾淨的透明塑膠瓶（如空的可樂塑膠瓶），把瓶蓋挖個洞，大小正好適合把菸插入，濾嘴朝向瓶內，菸草留在瓶外。如果菸與洞口之間有縫隙，可用熱熔膠使其密合。接著在瓶口內塞入一團白色棉花。把瓶蓋旋緊，使濾嘴正好塞在棉花團內。點燃香菸後，不斷緩慢擠壓瓶身並放開，模擬肺部的呼吸作用。空氣會因此不斷進出瓶口，使菸草持續燃燒。幾分鐘後，讓香菸熄滅，取出棉花觀察，你將會發現才短短幾分鐘，白色棉花已經變成黃褐色的。想想看，長期抽菸的人，他們的肺會沾染多少焦油，又怎能不生病？

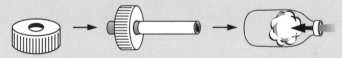

① 保特瓶瓶蓋鑽孔　② 將香菸濾嘴插入瓶蓋孔　③ 將白色棉花塞入瓶中

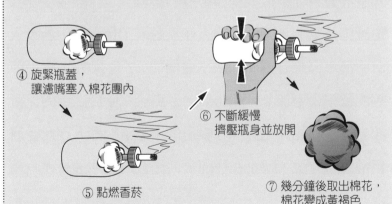

④ 旋緊瓶蓋，讓濾嘴塞入棉花團內

⑥ 不斷緩慢擠壓瓶身並放開

⑤ 點燃香菸

⑦ 幾分鐘後取出棉花，棉花變成黃褐色

別是肺癌、咽喉癌、口腔癌及胰臟癌）的主要危險因子。開始抽菸的年齡愈早，罹患這些疾病的風險愈大。懷孕的婦女如果抽菸，容易使胎兒出現各種先天性缺陷，包含出生時體重不足、胎兒異常以及早產等。根據世界衛生組織（WHO）的推估，在二十世紀中，因菸草而死亡的人數超過一億人。抽菸的人有一半死於與菸草相關的疾病，而且平均會縮短 14 年的壽命，你說可怕不可怕？

研究也證明二手菸對人體有害，二手菸是香菸末端冒出的煙混合了吸菸者肺部排出的煙，即使菸已熄滅幾個小時，這些二手菸產生的物質可能仍逗留在空氣中。二手菸會對健康造成許多不良的影響，包含癌症、呼吸道感染及氣喘。不抽菸的人在家庭或工作場合中若吸入二手菸，罹患心臟病的機率會增加 25 ～ 30％，罹患肺癌的機率會增加 20 ～ 30％。暴露於二手菸之中的兒童容易發生嬰兒猝死症、呼吸道感染及氣喘等。因此台灣目前嚴格立法，禁止在任何公共場合的室內抽菸。

抽菸以毒攻毒？

當然，我們談科學，就要實話實說，不能光講菸草的壞話，而不提它也有一些好處。根據流行病學的研究，抽香菸的人與同年紀、同性別的人相比，罹患帕金森氏症及阿滋海默症的機率降低了50％。

此外，抽菸的人比較不容易得到潰瘍性結腸炎。這是一項統計出來的事實，解釋這種現象的理論有兩種，一種認為是尼古丁的效果，另一種認為是氰化氫的功效。而且這種病可以用尼古丁治療，根據研究結果判斷，是因尼古丁會在腸道釋出一氧化氮（NO），使腸道肌肉放鬆，所以對症狀有改善效果，因此使用含尼古丁的貼片也有效。依潰瘍性結腸炎的病理生理學來看，該病是因處理硫酸鹽的菌數增加，或多吃含硫的紅肉及酒，導致腸道中硫化氫（H_2S）氣體增加，所以有另一套理論認為，燃燒菸草時產生有毒的氰化氫（HCN）氣體，恰好和硫化氫氣體反應，形成無毒的異硫氰化物（含有 -N=C=S 的化合物），因而把硫化

氫的濃度降下來，假如這個理論是對的，那真是以毒
攻毒的實例了。

電子香菸沒有毒？

　　回到電子香菸。電子香菸就是尼古丁的吸食器
具，通常外型酷似香菸，用 LED 燈模仿菸頭的火，用
電池點亮香菸，也用電池加熱含尼古丁的溶液，使其
產生蒸氣，然後通過濾嘴吸入口腔中。溶液中還可能

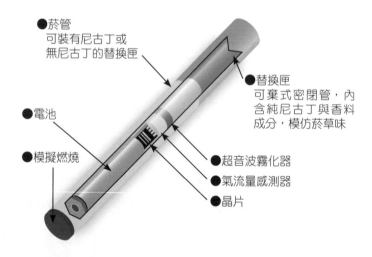

●菸管
可裝有尼古丁或
無尼古丁的替換匣

●替換匣
可棄式密閉管，內
含純尼古丁與香料
成分，模仿菸草味

●電池

●模擬燃燒

●超音波霧化器
●氣流量感測器
●晶片

▲圖 18-1 電子菸運用科技模仿吸菸，以電池加熱含尼古丁的溶液，
　　　　過程中沒有燃燒，沒有焦油，有別於傳統菸草。

含有甘油、薄荷醇、香草等調味料，其中尼古丁的濃度可能隨廠牌而有所不同。電子香菸和香菸最大的差別是：它產生的是蒸氣而非燃燒形成的煙。有些國家禁止電子香菸，如新加坡和馬來西亞；但在某些國家則可以販售。

　　贊成電子香菸的人認為電子香菸可以讓人享受吸菸的樂趣，而不必忍受菸味，不點燃菸草，就少了許多有毒物質。他們認為溶液中的添加物早就廣泛使用於牙膏及氣喘噴劑中，也不影響健康。反對者認為電子香菸和真正的香菸同樣使人吸入尼古丁，而且把尼古丁吸入肺裡，仍然有健康方面的疑慮。因此電子香菸仍存在著爭議。

科學LINE一下

人類與菸草的愛恨情仇

最早吸菸的人應該是美洲人。早在九世紀時，墨西哥及中美洲的人就用木製的管子吸菸，頗像今天的菸斗。馬雅人與後來的阿茲提克人在宗教儀式中會吸菸和使用一些興奮劑，在當地土著的藝術品中，常會出現神祇或巫師吸菸的畫面。

根據歷史學家的描述，當哥倫布抵達美洲時，他派出第一批進入古巴內陸的斥候，看到了以下的景象：

男人的手裡拿著燒到一半的木頭及一些藥草，並吸燒出來的煙，這些乾燥的藥草被捲在一些乾燥的葉子裡……點燃其中一端，然後由另一端吸食……把煙吸進去，他們因此而變得麻木，幾乎像酒醉一樣，據說因此就不會覺得疲倦。這個島上的一些西班牙人也習慣吸食，我訓斥他們這是邪惡的東西，但是他們說無法停止吸菸。

這段描述顯示高劑量的尼古丁具有興奮劑及迷幻藥的功能，同時會令人上癮。現代的科學研究顯示，尼古丁會活化中腦邊緣系統路徑，那是腦部調控愉悅與興奮的迴路。

尼古丁會使人成癮，即與這一點有關。

　　西班牙人在 1528 年將菸草傳入歐洲。到了 1559 年，法國駐里斯本大使把菸草樣品寄至巴黎。當時西班牙、葡萄牙及法國等國家的人都將菸草視為「聖草」。西班牙還有一位醫生寫了一本書，宣稱菸草可治療三十六種疾病。

　　到了 1604 年，英國國王詹姆士一世終於發表嚴厲譴責菸草的聲明，主張吸菸對眼、鼻、腦、肺都有傷害。同一年頒布了一條法令，對每一磅輸入英國的菸草都課以重稅。

　　越到現代，人們越了解香菸的毒害，反菸活動也漸漸成為社會的共識。

MEMO

19 蚊子天生愛吸人血進補？

　　台灣地處熱帶及亞熱帶地區，氣候高溫溼熱，容易滋生蚊蠅，遭到蚊子的侵襲更是家常便飯。蚊子叮咬後，不僅讓我們全身到處抓癢，甚至會以傳染病當作謝禮。因為蚊子在吸人血進補的同時，也把各種病毒及寄生蟲傳播到人身上，引發各種疾病，如瘧疾、登革熱及日本腦炎等。每年全球因瘧疾而死亡的人數超過一百萬人；台灣每年夏天染上登革熱的人也非常多。如何避免被蚊子叮咬，是每個人都關心的事，而科學家針對防蚊及驅蚊做了很多研究，莫不除之而後快。

　　新聞曾經報導，台灣大學蟲媒傳染病實驗室為研究臭味對蚊子的吸引力，蒐集並分析數百雙國小學童穿了一整天的臭襪子，初步僅取其中兩種酸性成分調配誘蚊劑，便能提升捕蚊燈三成以上的效率。

　　目前學界已知家蚊、斑蚊、瘧蚊都會被汗水中的

酸、酯、酮等物質吸引，而且家蚊喜歡在臭水溝裡繁殖，非洲的瘧蚊則偏好腳臭味。令人好奇的是，蚊子到底最著迷哪種臭氣成分？汗水有三百多種成分，科學家分析比對其中的酸、酮、硫、烷等物質，先取乳酸、硬酯酸再混合動物性油脂調配誘蚊劑，證實能使家蚊誤以為靠近哺乳類動物，捕蚊燈效率提升三至五成，但對喜歡日間在戶外活動的斑蚊，效果較弱。

一切都是為了傳宗接代

首先我們要了解，蚊子平常並不咬人，而是以花蜜及植物汁液為食物。只有少數雌蚊會咬人，牠們以口器刺穿人（或其他動物）的皮膚，然後吸吮血液。大多數的蚊子只有在產卵之前才會吸食血液，目的是以血液中所含的蛋白質補充營養，吸血後的雌蚊產卵的數量會增加。一旦產卵後，雌蚊就不咬人了。而啟動蚊子咬人及抑制蚊子咬人的激素也全部都被科學家找出來了。

針對家蚊的研究發現，如果在雌蚊剛成年時，立

刻摘除牠的咽側體（corpora allata）可以使牠無法分泌青春激素，這些蚊子就不會咬人。重新植入咽側體或注射合成的青春激素，可以使蚊子立即恢復咬人的習性。切除蚊子的卵巢後進行觀察，發現青春激素啟動咬人的機制與卵巢無關。

另一批科學家研究瘧蚊時發現，當雌蚊的卵巢有卵正在發育，牠會分泌一種叫蛻皮激素（ecdysone）的荷爾蒙，抑制蚊子咬人的習性。如果把雌蚊的卵巢切除，雌蚊在產卵後仍會繼續咬人；如果再植入卵巢或注射蛻皮激素，咬人的習性又立刻停止。如果用蛻皮激素餵食蚊子，同樣有抑制牠咬人的效果。

誰的血最受蚊子青睞？

大家可能都有這種經驗：一群人一起在夜色中乘涼聊天，有些人被蚊子咬得滿腳紅豆冰，不堪其擾；有些人卻若無其事，甚至不覺得附近有蚊子。為什麼會有這麼大的差異呢？

日本昆蟲博士白井美一在研究了十年之後，發現

蚊子咬男人的機會略高於咬女人；而且血型 O 型的人比較容易被蚊子咬，機會大約是其他血型的兩倍。如果喝啤酒的人和喝水的人在一起，蚊子比較喜歡叮咬喝啤酒的人。除此之外，體重過重或愛好運動的人都容易成為蚊子攻擊的目標。

在 1990 年代，化學家已經找出會吸引蚊子的物質，竟然是由非常普通的化合物混合在一起組成的，其中包含二氧化碳及乳酸。例如我們呼氣時一定會排出二氧化碳；而運動時會產生乳酸，一部分乳酸會由皮膚排出，如果產生過多的乳酸，就會累積在體內，造成肌肉痠痛。蚊子就憑這兩項物質判斷哪裡有鮮血可以吸食。

我想這項研究可以解釋白井博士的部分研究結果。啤酒不斷冒出的泡，就是二氧化碳；體重比較重的人，排出的二氧化碳也比較多；愛運動的人，新陳代謝快，呼出的二氧化碳多，產生的乳酸比較多。難怪這些人都比較容易招來蚊子咬。

防蚊大作戰

如果你是一位容易招來蚊子的人，一定非常苦惱，非找殺蟲劑或防蚊液來噴一噴不可。

目前使用廣泛的殺蟲劑或防蚊液中的重要成分有氯氰菊酯（cypermethrin）及敵避（DEET）。

氯氰菊酯製成殺蟲劑之後，被噴到的蚊子在 6 分鐘之內會墜地，24 小時之後有 98.6% 的蚊子會死掉，效果很神奇對不對？但是如果你知道氯氰菊酯本身是一種農藥，下次要噴之前，應該會三思而後行了吧！但即使在噴灑高度毒性的氯氰菊酯後，仍然有 1.9% 的蚊子會不顧一切的吸血。

而敵避是目前使用最廣泛的防蚊液成分，實驗顯示它的效果沒有氯氰菊酯那麼顯著，在噴灑敵避的情況下，蚊子咬人的機率只略微下降而已（由 64% 降到 40%）。敵避是靠難聞的氣味驅趕蚊子，但同時也可抑制某種中樞神經酶，造成昆蟲窒息而死，不過它對哺乳動物也有相同作用，所以最好不要噴灑在皮膚

▲圖 19-1 噴灑高度毒性的氯氰菊酯後，仍然有 1.9％的蚊子會不顧一切的吸血。（Hungry→我肚子餓嘛！）

上，使用後也要清洗乾淨。有些市售防蚊液明明含敵避，卻宣傳為天然無毒物質，使消費者疏於防備，購買時不可不慎。

既然這些殺蟲劑或防蚊液的成分都有毒性，如果能找出人體天然分泌的化合物中有哪些成分可以驅趕蚊子，不是更好嗎？

每個人都會呼出二氧化碳，每個人新陳代謝時都會產生乳酸。為什麼有些人容易被蚊子咬，有些人比較不會。針對這個問題，英國的羅森斯得大學

（Rothamsted University）的研究人員在 2008 年發表了一系列研究，先把容易被蚊子咬和不容易被蚊子咬的志願者分成兩組，實驗後，發現兩組人的體味，主要差異只有七、八種不同的化合物。他們找到能驅趕蚊子的化合物包含三種醛和兩種酮，幾乎都和緊張壓力有關。

舉例來說，其中有一種叫 6- 甲基 -5- 庚烯 -2- 酮，這種化合物會由皮膚分泌出來，氣味類似去光水（丙酮）。當牛被牛蠅攻擊時，會因緊張及情緒緊繃而分泌這種化合物。研究也顯示，如果把這種化合物塗在牛的身上，可以減少牛蠅的攻擊。所以，這類壓力化合物是動物自保的武器，而昆蟲會躲避這種氣味，因為無論因緊張（情緒壓力）或生病（生理壓力）所分泌的氣味，都代表血液的品質不好。

如果把這類驅蟲的化合物塗在容易被蚊子咬的人手臂上，蚊子不是反方向飛走，不然就是一動也不動，並不想去咬那個人。根據這個結果，羅森斯得大學的專家們認為問題不在於什麼化合物會吸引蚊子，而是

什麼化合物可以驅趕蚊子。也就是說每個人都會分泌蚊子喜歡的化合物（如二氧化碳和乳酸），但只有少數人會分泌驅趕蚊子的化合物。這些化合物會掩蔽吸引蚊子的氣味，使蚊子無法察覺到有吸引力的氣味，或甚至令蚊子厭惡而飛走。所以當你緊張不安時，就會發出一種氣味，使蚊子不想咬你。

和台大的專家一樣，羅森斯得大學的專家們打算把他們找出的驅趕蚊蟲的化合物申請專利，將來可以生產沒有毒性的驅蚊液（畢竟這些化合物是人體本來就會分泌的）。其間的差別是英國的專家想靠壓力化合物驅趕蚊蟲，而台大專家想找出吸引蚊子的化合物捕殺蚊蟲。

科學LINE一下🌐

驅蚊的魔音？

　　根據統計，蚊子是造成死亡人數最多的動物，可說是最凶險的動物。由蚊子帶來的疾病包括瘧疾、登革熱及黃熱病等。人類為了對抗蚊子，想盡了各種方法，包括用蚊子喜歡的氣味誘捕，用蚊子不喜歡的氣味驅趕，或乾脆用農藥噴灑，但是以上各種方法都是使用化學物質對付蚊子。另外有人主張用聲音驅趕蚊子，這個方法也很不錯。

　　如本文所述，大多數的蚊子只有在產卵之前才會吸食血液，目的是以血液中所含的蛋白質補充營養。所以會咬人的蚊子是懷孕的雌蚊，既然已經懷孕，牠們就不希望雄蚊干擾。有廠商利用這種習性，做出音波驅蚊器。這種電器會發出 12,000～15,000 赫茲的高頻聲波，模仿雄蚊的聲波，使待產雌蚊不想靠近。可惜這種電子產品經許多單位研究，均未能證實有顯著效果。

　　雖然用聲音驅趕蚊子未必有效，但是研究顯示，雌蚊真的能聽到雄蚊振翅的聲音，雄蚊也能聽到雌蚊振翅的聲音，而且當兩隻蚊子要交配時，牠們的振翅頻率竟然會調整到一致。真是浪漫，對不對？簡直就是「比翼雙飛」這

句成語的最佳典範。可惜，牠們交配完之後，其中一隻就
會開始吸血，想到這一點，就一點都不浪漫了！

20 防不勝防的毒家殺手——一氧化碳

　　每到冬天時節，只要遇上氣候最嚴寒的那幾天，經常會傳出有人一氧化碳中毒的新聞。為什麼冬天特別容易發生一氧化碳中毒的事件呢？

　　有機物（含碳的化合物）在燃燒時，若氧氣充足，會產生二氧化碳（每個碳原子分到兩個氧原子），但是如果氧氣不足，就會產生一氧化碳（每個碳原子只能分到一個氧原子）。冬天大家怕冷，關緊門窗，如果熱水器裝在室內，或用瓦斯爐燒開水泡茶，都會產生一氧化碳。

　　當我們吸入足量的一氧化碳時就會中毒，但這所謂的「足量」其實非常少，空氣中只要有 100ppm（1ppm 是百萬分之一，100ppm 只有萬分之一）的一氧化碳就有危險。

　　一氧化碳的分子式為 CO，一個碳原子與一個氧原

子連接在一起構成一氧化碳分子，怎麼會有毒呢？它不是和我們呼出的二氧化碳（CO_2）只相差了一個氧原子嗎？為什麼二氧化碳沒有毒，而一氧化碳有毒呢？這就要從它們的結構談起。

 ## CO 和 CO₂ 的結構

二氧化碳分子的 C-O 鍵中，因為氧的電負度（在化學鍵中拉電子的傾向）比較大，電子會偏向 O 原子，C-O 鍵有極性（電子分布不均勻的意思）。但因分子為直線形，使得兩個鍵的拉電子傾向抵消，這類分子屬於非極性（電子分布均勻的意思）分子，如圖 20-1。

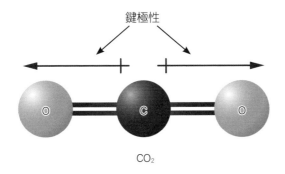

▲圖 20-1 二氧化碳的鍵有極性，分子沒有極性。

一氧化碳的分子式 CO 的鍵結情形非常特殊。碳原子有 4 個價電子（最外層的電子），氧原子有 6 個價電子，合在一起是 10 個價電子，CO 的結構如圖 20-2，C 和 O 各分到 5 個電子（每一條直線是由兩個電子構成，每個黑點代表一個電子）。但 C 的價電子數本來是 4，分到 5 個，等於帶了負電；O 的價電子數本來是 6，分到 5 個，等於帶了正電。一頭帶正電，另一頭帶負電，因此一氧化碳屬於極性分子。

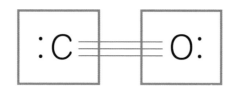

▲圖 20-2 一氧化碳的分子結構

 二氧化碳來去自如

血紅素、肌蛋白、過氧化氫酶等蛋白質都是以原血紅素（heme）為重要組成分子。原血紅素的中央有個鐵（II）離子，可以與氧分子鍵結。

在正常情況下，肺部吸入新鮮空氣，氧氣的分壓（是指在混合氣體中，其中一種氣體獨占的壓力）升高，因為氧氣占空氣的 1/5，氧的分壓大約有 160 mmHg，很多氧分子就與血紅素結合，形成氧合血紅素，如圖 20-3，含大量氧合血紅素的血呈現鮮紅色。

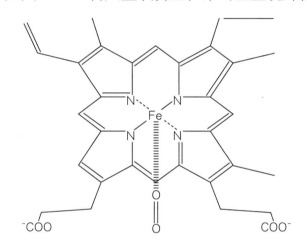

▲圖 20-3 血液含大量氧合血紅素而呈現鮮紅色
（圖為氧合血紅素的分子結構圖）

氧合血紅素隨動脈血液流到身體各器官的細胞後，由於細胞已經過一段時間新陳代謝，氧氣減少，二氧化碳增多。根據研究，氧飽和與氧分壓的關係如圖 20-4。其中氧飽和是指血紅素攜帶氧的百分比，例

如血中如果有 100 個血紅素，其中 94 個是氧合血紅素，那麼氧飽和度就是 94%（這是一般健康的人在平地時的正常氧飽和度）。由圖 20-4 可知，當細胞中氧的分壓較低時，氧飽和度就會下降。氧分子為完美對稱結構，為非極性分子，與血紅素結合力不大，所以氧合血紅素可以輕易把氧分子釋放出來，讓細胞獲得應有的氧氣，也就是說，許多氧分子會脫離血紅素。

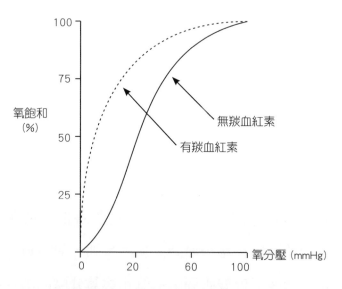

▲圖 20-4 氧飽和—氧分壓關係呈 S 形曲線

　　與氧分開的血紅素又利用鐵（II）離子吸住二氧化碳分子，經由靜脈，運回肺部。靜脈的血中因為氧合紅血素減少，所以變成暗紅色。到了肺部，氧的分壓變高，氧飽和度會上升，於是血紅素又把二氧化碳釋出，把氧分子接進來。由於二氧化碳是非極性分子，想脫離就脫離，沒有什麼困難。釋出的二氧化碳就經肺臟、氣管，由鼻子呼出，完成正常的呼吸作用。

一氧化碳死纏不放

　　可是，一旦我們吸入一氧化碳 CO，CO 帶有負電的一端會與血紅素中的鐵（II）離子牢牢結合，形成羰血紅素，如圖 20-5，其結合力大約是氧分子 O_2 的 $200 \sim 250$ 倍。血紅素與 CO 結合之後，就無法再與 O_2 結合。

　　如果光憑那 100 ppm 的一氧化碳，結合力再怎麼強，其實也搶不走多少血紅素。不過，一旦有部分血紅素與一氧化碳結合，如圖 20-4 的氧飽和——氧分壓關係從正常的實線往左移，變成左邊那條虛線，這代

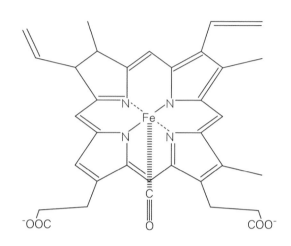

▲圖 20-5 一氧化碳一旦進入人體，立刻會與血紅素中的鐵（Ⅱ）離子牢牢結合，形成羰血紅素。（圖為羰血紅素的分子結構圖）

表的意義是，一氧化碳數量雖然不多，只能搶走少數紅血素，但是其餘的氧合血紅素卻因為遇到強力競爭對手，即使在氧分壓很低時，也不肯把氧分子釋放出來。如此一來，人體就會因器官細胞得不到氧氣，缺氧器官會加速損壞，而有生命危險。不但如此，一氧化碳本身還會引發神經系統及心血管系統發炎，所以一氧化碳的毒性很強。

一氧化碳是無色、無臭、無味的氣體，所以人們

很難察覺，甚至中毒之後都不會有呼吸急促的現象。因為人體是靠頸動脈體（carotid body）偵測血液中的氧分壓來調節呼吸的。頸動脈體位在喉嚨的兩側，包括一小叢化學受體及細胞。頸動脈體可以察覺流過的動脈血液有什麼變化，主要是偵測氧和二氧化碳的分壓。但是如前面所說，一氧化碳只要 100 ppm 就會中毒，這個數值太小，根本不影響血液中氧和二氧化碳的分壓，所以人的呼吸並不會有什麼不同。等到中毒很深，感到頭痛、噁心、嘔吐、肌肉無力時，已經無法呼救、逃命，最後可能喪失意識甚至死亡。

　　了解一氧化碳的可怕之後，今後只要使用燃燒的器具，如瓦斯爐、瓦斯熱水器、實驗室的酒精燈和本生燈、炭烤爐具等，在點火之前，都要提高警覺，先查看現場是否通風良好。萬一發現有人不適，應立即熄火，打開門窗，將患者移到室外，叫救護車送醫。

科學LINE一下

一氧化碳讓肉品變新鮮了？

　　談了一氧化碳的毒性後，大家是不是對一氧化碳心生恐懼呢？如果我說，即使沒有從外界吸入一氧化碳，人的身體也會自然產生一氧化碳，你相信嗎？

　　事實上一氧化碳是人體的信號分子。它在人體生理上扮演的角色是神經傳遞物質，也是血管鬆弛劑。如果身體中一氧化碳的代謝出了問題，會引發許多疾病，包括神經退化、高血壓、心臟衰竭及發炎。正因一氧化碳有生理上的功能，所以在醫學上可以作為消炎、血管舒張劑及新血管增生劑。

　　一氧化碳也是大型化工廠常用的氣體原料。例如讓烯類、氫氣和一氧化碳發生反應就可以製造醛。這個方法製造出來的產物是直鏈分子，適合製造軟性清潔劑（如果清潔劑的分子有分枝，細菌無法將其分解，會造成長期的泡沫汙染，稱為硬性清潔劑。台灣不允許販售硬性清潔劑，但是美國因各州法令不同，有些州仍可販售硬性清潔劑）。

　　一氧化碳可以使肉類（牛肉、豬肉和魚肉）保持鮮紅，此一用途，曾在台灣引起軒然大波。肌蛋白和原血紅素一

樣，以鐵（II）為中心，當肉類放久了，鐵（II）會和氧氣結合，變成褐色，看起來不新鮮。在肉品包裝中灌入一氧化碳的話，一氧化碳和肌蛋白的結合能力比氧強，所以結合一氧化碳的肌蛋白會呈現紅色，使肉類看起來比較新鮮。是的，你吃的生魚片，恐怕都加了一氧化碳。真正對消費者不利的，不是肉中的一氧化碳，而是它所造成的紅色，使消費者誤把不新鮮的肉品判斷為新鮮。

21 食用油也盛行上妝染色？

　　2013 年台灣發生一系列「食」油危機，首先是某一食油大廠被發現以棉子油添加銅葉綠素，混充高級的橄欖油。後來發現，幾乎國內各大食品廠都以如此相同手法牟取暴利。至此，消費者信心崩潰，許多人不敢買市售食用油，有的人排隊買油行現榨的油品，有的人則退回到古老年代，買肥豬肉回去自己炸油。

　　棉子油就是由棉花種子提煉出來的「食用油」，沒錯，它本來就可以食用。人類種植棉花有三個目的：棉花纖維可以做布料，棉花種子可以榨油，榨完油的殘渣仍含有豐富蛋白質，可以做動物飼料。因為棉子油便宜，許多食品業者會用它作為烹調用油。你吃的洋芋片、麥片及麵包等，恐怕有很多是用棉子油處理的。

　　業者固然可惡，但媒體乘機炒作，搞得人心惶惶，

也不可取。以下僅就事論事，談談這些引發國人恐慌的油品成分。

 ## 微量棉子酚不必過慮

台灣媒體大肆報導棉子油中含有毒棉子酚，指的是棉花中所含的棉子酚（gossypol，本文依國家教育院譯法，結構式如圖 21-1）。各位可以看到它總共有六個接在苯環上的 -OH，這就是命名中「酚」的由來。

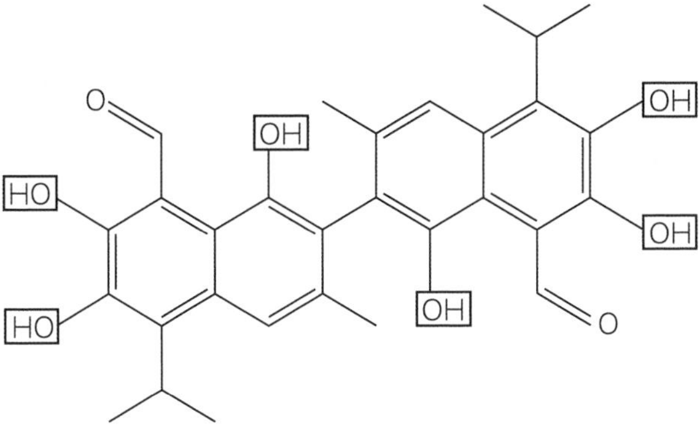

▲圖 21-1 棉子酚的化學結構

棉子酚確實有毒，它會妨礙紅血球輸送氧氣的能力，造成循環及呼吸系統的傷害。大陸發現食用粗製棉子油的地區生育率下降，便以它作為口服避孕藥，

所以此次事件中，有人把台灣生育率下降的原因歸咎於它。世界衛生組織對棉子酚被當成避孕藥則感到憂心，因為只要避孕劑量的十分之一就會對紅血球造成毒性。大陸的研究也顯示，服用棉子酚製成的避孕藥會引發低血鉀症。

粗製的棉子油中約含 0.21％的棉子酚，確實有毒，正因如此，棉子油幾百年來一直被當成殺蟲劑。棉子酚為褐色固體，粗製的棉子油呈現紅褐色，又帶有刺鼻的氣味。在台灣，這樣的油不可能賣給人吃，相信也沒有人敢買，所以必須經過精煉。精煉的方法很多，可以用有機溶劑萃取，再用酸、鹼與其反應；如果用超臨界二氧化碳（80℃，1020 atm，詳看文末注解）萃取，可以把油中的棉子酚降到 0.02％。依聯合國糧食及農業組織（FAO）的標準，食用級的棉子油中，游離棉子酚的濃度不得超過 0.045％，總棉子酚的濃度不得超過 1.2％。無論用何種方法精煉，處理過後的棉子油都符合此一標準。如果你買到的油是透明的，其實不用擔心含有棉子酚的問題。FAO 也掛

保證，精製棉子油中的棉子酚非常少，不必過分憂慮。

　　科學界為了解決棉子油中含有毒棉子酚的問題，也有一些做法。有人以基因改造的方式製造出新品種的棉花，其種子中所含棉子酚極少，不過其莖和葉中仍有不少棉子酚。可以想見，以後甚至會有標榜非基因改造的棉子油出現。

 ## 葉綠酸由葉綠素整型而成

　　油廠用精製棉子油假冒高級橄欖油出售，但因為精煉過後的棉子油為淡黃色透明液體，所以業者又違法加入「銅葉綠素」或「銅葉綠素鈉」，也就是葉綠酸（chlorophyllin），使假油帶有淡綠色。

　　天地間萬物雖各不相同，但卻有類似之處，也略有差異。人的血紅素中有個結構叫卟吩（porphin，如圖 21-2(a)），卟吩中心有個鐵（Ⅱ）離子，我們的血因含有紅色的血紅素而呈現紅色。植物葉綠素中有個類似卟吩的結構，叫二氫卟吩（chlorin，如圖 21-2(b)），幾乎難以判斷二者有什麼不同，差別只在二

氫卟吩左下角圈出來的部分，少畫了一根線，這在化

學上的意義就是少了 C 與 C 之間的 π 鍵，而多了兩個

氫原子。此外，葉綠素的二氫卟吩中心有個鎂（II）

離子，所以葉子因含有綠色的葉綠素而呈現綠色。

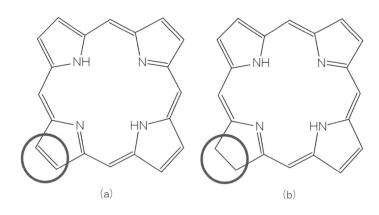

(a)　　　　　　　　　　　(b)

▲圖 21-2 （a）為人類血紅素中的卟吩；（b）為植物葉綠素中有個類以卟
　　　　吩的結構，叫二氫卟吩。二者差別只在圖（b）左下角少了一根
　　　　線，意思就是少了 C 與 C 之間的 π 鍵，而多了兩個氫原子。

　　葉綠酸是「**一群**」構造類似於葉綠素的分子，最

常見的衍生物就是把葉綠素中的鎂替換成銅（即銅葉

綠素），或更進一步把羧基（-COOH）中的氫原子換

成鈉離子（即銅葉綠素鈉），也就是說銅葉綠素或銅

葉綠素鈉統統都屬於葉綠酸。葉綠酸是合法的食品添

加劑及食品色素，歐盟允許使用，還給了編號 E141，其中的 E 就是來自歐洲（Europe）。

葉綠酸是用天然植物中的葉綠素修飾而成，圖21-3(a) 為葉綠素，(b) 為銅葉綠素鈉。美國只允許利用紫苜蓿製成葉綠酸，也只允許添加在柑橘製成的混合飲料中。歐盟允許利用紫苜蓿、青草、蕁麻及食用植物製造葉綠酸，允許添加的食物則有一長串。有媒體引述醫師的話說，銅葉綠素來自蠶大便，這是中國科學家的研究，若依歐美法規，這種葉綠酸不能添加於食物中。

因為葉綠酸比葉綠素易溶於水，也來得穩定，而且顏色更偏亮綠，所以廠商才大費周章把天然葉綠素修飾為葉綠酸，讓商品的賣相更好。

葉綠酸唯一的害處就是，直接與皮膚接觸時，有輕微的刺激性。至於媒體所說的毒性，大多沒有根據。他們的論點是，銅是有毒的重金屬，所以長期使用有害。但是添加在油中的量很少，不太可能達到有害程度。任何東西量少時，都不必驚慌，剛剛我們提到人

(a) 葉綠素

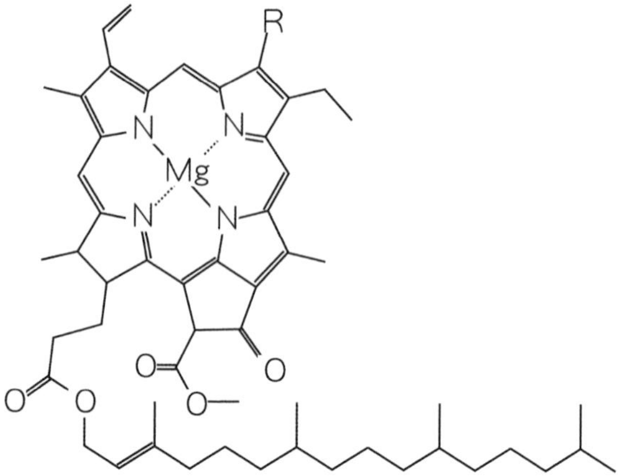

(b) 葉綠酸（銅葉綠素鈉）

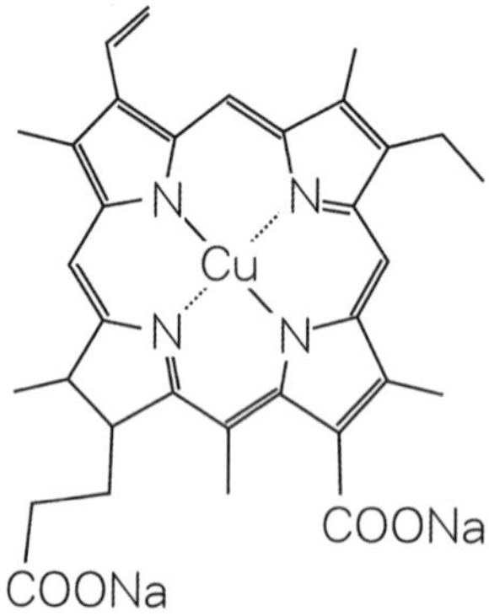

COONa

COONa

▲圖 21-3 葉綠酸最常見的衍生物就是把 (a) 葉綠素中的鎂替換成銅，亦即變成 (b) 銅葉綠素鈉。

的血紅素中含有鐵，但是你看龍蝦血不是紅色，而是深綠色，那是因為甲殼類如龍蝦、螃蟹等，血中含有血青素（hemocyanin），其分子中心含有兩個銅原子。

龍蝦血還被很多人視為補品呢！為什麼這時候又不怕銅了呢？再強調一次，任何東西量少了，就不必恐慌，否則你看還有人用廣告宣傳他們的健康食品中含有「鎂鋅銅錳」，這四樣有三樣是重金屬，為什麼消費者不怕中毒，還當成補品？

　　諷刺的是，這種造成國人恐慌的物質，有其正面的用途。研究顯示，葉綠酸可以當抗氧化劑，還可以與環境中誘發癌症的分子結合，以老鼠為對象進行的實驗顯示有預防癌症的功效。以人體進行實驗，結果也一樣。在江蘇省啟東市，當地人的食物受到黃麴毒素汙染（例如不新鮮的花生會產生黃麴毒素），是發生肝癌風險很高的地區。科學家對當地一百八十名健康成人進行隨機、雙盲實驗，利用尿液中黃麴毒素－DNA 加成物（是指經由加成反應所生成的產物。所謂加成反應是，兩個反應物分子結合成一個產物。）濃度判斷其罹癌風險。令受測者每天服用 100 毫克葉綠酸（或安慰劑）三次，四個月後，發現每餐服用葉綠酸者，其尿液中的黃麴毒素－DNA 加成物濃度中數與

安慰劑組相較，可降低 55％。

這樣，並不表示業者任意添加葉綠酸也沒關係。因為食品中可添加是一回事，油品中不准添加也有其理由。雖然實驗顯示，葉綠酸在 100℃的高溫下持續加熱 10 分鐘，仍然穩定，無損其抗癌效果。但因為食用油經常會高溫烹調，溫度可能超過 200℃以上，無法預測添加物會發生什麼反應。所以未核准添加的，就不得任意添加。何況業者添加動機是欺騙，更加不可原諒。

超臨界二氧化碳

任何純物質都會受溫度及壓力影響，而在固態、液態及氣態之間變化，把這種變化關係用圖表示出來，就稱為相圖。二氧化碳的相圖如圖 21-4。圖中有個臨界點，只要溫度及壓力均超過此點，就稱為超臨界（溫度 > 31.1℃，壓力 > 73.0 atm），即圖中右上角的深灰色區塊。科學家發現超臨界二氧化碳可以萃取（溶解部分物質，留下其他物質的意思）許多物質。例如市面上有一種無洗米，就是用超臨界二氧化碳洗過的米，已把農藥和重金屬萃取掉了，買回家後，不用再洗，可以直接下鍋。

另外現在很多科學中藥，不必再用傳統熬煮的方式，用超臨界二氧化碳即可輕鬆把藥材中有用的成分萃取出來。所以要把棉子油中的有毒成分萃取出來，也可以用超臨界二氧化碳。

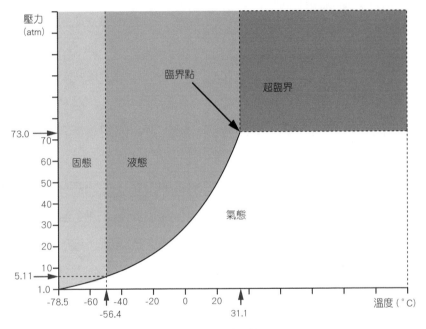

▲圖 21-4 二氧化碳相圖

科學LINE一下

有機食品 vs 綠色革命

　　選購有機食品已成為一股風潮。所謂有機食品就是在栽種及養育的過程中，只用天然的方法，而不採用人工合成的肥料或殺蟲劑等。換句話說，採用人工合成肥料或殺蟲劑的現代化農業耕作法被視為非有機，對人的健康和環境都有不好的影響。但是且慢，讓我為你介紹一下什麼叫「綠色革命」。

　　1961 年時，印度正處於大饑荒的邊緣。美國農業學家伯勞格（Norman Borlaug）受印度農業部長之邀，到印度規畫解決之道。他想出的方法，就是慎選稻米品種、改善灌溉系統，使用合成肥料及殺蟲劑。結果印度同面積的稻米產量增加了十倍，就算同品種的稻米，施加肥料之後，產量也倍增。這些農作方式改革被譽為綠色革命，也推廣到非洲去，拯救了數十億人的性命，伯勞格也因此獲得1970 年的諾貝爾和平獎。

　　名之所至，謗亦隨之。對綠色革命的批評也如排山倒海而來，而且各有不同觀點，包括造成人口膨脹、物種單一性及殺蟲劑、溫室氣體對環境的破壞等。伯勞格對批評

者的答覆是：

「有些西方國家環保遊說團體是人中之龍，更是社會的精英。他們從來沒有感受過肉體上的飢餓。他們是坐在華盛頓或布魯塞爾等地方的舒適套房裡從事遊說工作。我在開發中世界待過五十年，而他們只要待上一個月，就會忙著使用牽引機、肥料及灌溉渠道，並且對這些時髦的精英分子躲在家裡對他們所做的批評，感到憤怒。」

愛用有機食品的人都注重健康、愛護環境，普遍受過良好的教育。但是如果想一想，有機食品為什麼都比較貴，就不得不承認要養活地球上這麼龐大的人口，使用肥料及殺蟲劑，恐怕是必要之惡。

國家圖書館出版品預行編目資料

蘋果偷偷變老了：陳老師的科學雜貨鋪 /
　陳偉民文. - 初版. - 台北市：幼獅, 2014.09
　　面；　公分. --（科普館；3）

　ISBN 978-957-574-966-8（平裝）
　1.化學 2.通俗作品

　340　　　　　　　　　　103013254

· 科普館003 ·

蘋果偷偷變老了：陳老師的科學雜貨鋪

作　　　者＝陳偉民
繪　　　者＝類人猿
出 版 者＝幼獅文化事業股份有限公司
發 行 人＝李鍾桂
總 經 理＝王華金
總 編 輯＝劉淑華
副總編輯＝林碧琪
主　　　編＝林泊瑜
編　　　輯＝黃淨閔
總 公 司＝10045台北市重慶南路1段66-1號3樓
電　　　話＝(02)2311-2832
傳　　　真＝(02)2311-5368
郵政劃撥＝00033368

印　　　刷＝崇寶彩藝印刷股份有限公司
定　　　價＝250元
港　　　幣＝83元
初　　　版＝2014.09
三　　　刷＝2018.06
書　　　號＝936056

幼獅樂讀網
http://www.youth.com.tw
e-mail:customer@youth.com.tw
幼獅購物網
http://shopping.youth.com.tw

基本資料

姓名：＿＿＿＿＿＿＿＿＿＿＿＿＿＿ 先生／小姐

婚姻狀況：□已婚 □未婚　職業：□學生 □公教 □上班族 □家管 □其他

出生：民國＿＿＿＿＿年＿＿＿＿＿月＿＿＿＿＿日

電話：（公）＿＿＿＿＿＿（宅）＿＿＿＿＿＿（手機）＿＿＿＿＿＿

e-mail：＿＿＿＿＿＿＿＿＿＿＿＿＿＿＿＿＿＿＿＿

聯絡地址：＿＿＿＿＿＿＿＿＿＿＿＿＿＿＿＿＿＿

1.您所購買的書名：**蘋果偷偷變老了：陳老師的科學雜貨鋪**

2.您通常以何種方式購書?：□1.書店買書　□2.網路購書　□3.傳真訂購　□4.郵局劃撥
（可複選）　　□5.幼獅門市　□6.團體訂購　□7.其他

3.您是否曾買過幼獅其他出版品：□是，□1.圖書 □2.幼獅文藝 □3.幼獅少年
　　　　　　　　　　　　　　　□否

4.您從何處得知本書訊息：□1.師長介紹　□2.朋友介紹　□3.幼獅少年雜誌
（可複選）　　□4.幼獅文藝雜誌 □5.報章雜誌書評介紹＿＿＿＿＿＿報
　　　　　　　□6.DM傳單、海報　□7.書店　□8.廣播(　　　　　　)
　　　　　　　□9.電子報、edm　□10.其他＿＿＿＿＿＿

5.您喜歡本書的原因：□1.作者　□2.書名　□3.內容　□4.封面設計　□5.其他

6.您不喜歡本書的原因：□1.作者　□2.書名　□3.內容　□4.封面設計　□5.其他

7.您希望得知的出版訊息：□1.青少年讀物　□2.兒童讀物　□3.親子叢書
　　　　　　　　　　　　□4.教師充電系列　□5.其他

8.您覺得本書的價格：□1.偏高　□2.合理　□3.偏低

9.讀完本書後您覺得：□1.很有收穫　□2.有收穫　□3.收穫不多　□4.沒收穫

10.敬請推薦親友，共同加入我們的閱讀計畫，我們將適時寄送相關書訊，以豐富書香與心
　靈的空間：
(1)姓名＿＿＿＿＿　e-mail＿＿＿＿＿　電話＿＿＿＿＿
(2)姓名＿＿＿＿＿　e-mail＿＿＿＿＿　電話＿＿＿＿＿
(3)姓名＿＿＿＿＿　e-mail＿＿＿＿＿　電話＿＿＿＿＿

11.您對本書或本公司的建議：

廣 告 回 信
台北郵局登記證
台北廣字第942號

請直接投郵　免貼郵票

10045　台北市重慶南路一段66-1號3樓

幼獅文化事業股份有限公司

....

請沿虛線對折寄回

客服專線：02-23112832分機208　傳真：02-23115368

e-mail：customer@youth.com.tw

幼獅樂讀網http：//www.youth.com.tw

幼獅購物網http://shopping.youth.com.tw